T0197080

essentials liefern aktuelles Wissen in konzentrierter Form. Die Essenz dessen, worauf es als „State-of-the-Art" in der gegenwärtigen Fachdiskussion oder in der Praxis ankommt. *essentials* informieren schnell, unkompliziert und verständlich

- als Einführung in ein aktuelles Thema aus Ihrem Fachgebiet
- als Einstieg in ein für Sie noch unbekanntes Themenfeld
- als Einblick, um zum Thema mitreden zu können

Die Bücher in elektronischer und gedruckter Form bringen das Expertenwissen von Springer-Fachautoren kompakt zur Darstellung. Sie sind besonders für die Nutzung als eBook auf Tablet-PCs, eBook-Readern und Smartphones geeignet. *essentials:* Wissensbausteine aus den Wirtschafts-, Sozial- und Geisteswissenschaften, aus Technik und Naturwissenschaften sowie aus Medizin, Psychologie und Gesundheitsberufen. Von renommierten Autoren aller Springer-Verlagsmarken.

Weitere Bände in der Reihe http://www.springer.com/series/13088

Yvonne Tafelmaier · Guido Bataille ·
Viola Schmid · Andreas Taller ·
Manuel Will

Methoden zur Analyse von Steinartefakten

Eine Übersicht

Springer Spektrum

Yvonne Tafelmaier
Landesamt für Denkmalpflege im
Regierungspräsidium Stuttgart
Esslingen, Deutschland

Guido Bataille
Landesamt für Denkmalpflege im
Regierungspräsidium Stuttgart
Blaubeuren, Deutschland

Viola Schmid
Ur- und Frühgeschichte & Archäologie
des Mittelalters, Eberhard Karls
Universität Tübingen
Tübingen, Deutschland

Andreas Taller
Ur- und Frühgeschichte & Archäologie
des Mittelalters, Eberhard Karls
Universität Tübingen
Tübingen, Deutschland

Manuel Will
Ur- und Frühgeschichte & Archäologie
des Mittelalters, Eberhard Karls
Universität Tübingen
Tübingen, Deutschland

ISSN 2197-6708   ISSN 2197-6716   (electronic)
essentials
ISBN 978-3-658-30569-7   ISBN 978-3-658-30570-3   (eBook)
https://doi.org/10.1007/978-3-658-30570-3

Die Deutsche Nationalbibliothek verzeichnet diese Publikation in der Deutschen Nationalbiblio-
grafie; detaillierte bibliografische Daten sind im Internet über http://dnb.d-nb.de abrufbar.

Springer Spektrum ist ein Imprint der eingetragenen Gesellschaft Springer Fachmedien Wiesbaden GmbH und ist ein Teil von Springer Nature.
Die Anschrift der Gesellschaft ist: Abraham-Lincoln-Str. 46, 65189 Wiesbaden, Germany

Was Sie in diesem *essential* finden können

- eine kompakte Übersicht verschiedener Methoden zur Analyse von Steinartefakten
- gut verständliche Erklärungen zur Vorgehensweise
- präzise Begriffserläuterungen und Definitionen
- eine kritische Auseinandersetzung mit Vor- und Nachteilen des jeweiligen methodischen Ansatzes
- weiterführende Literatur, falls eine Vertiefung in die Thematik bzw. in Teilaspekte erwünscht ist

Inhaltsverzeichnis

Einleitung

1

In den Steinzeiten stellen geschlagene Steinartefakte in den meisten Fundplätzen das größte Kontingent aller Fundgattungen und bieten ein entsprechend großes Reservoir an potenziellem Erkenntnisgewinn für diese Phase der Menschheitsgeschichte. Steinartefakte sind jedoch keine statischen Objekte. In der prähistorischen Archäologie wurden bis weit in das 20. Jahrhundert lediglich das Endprodukt und dabei seine Form und Ausgestaltung als Informationsquelle genutzt. Insbesondere bei der Altersbestimmung der dazugehörigen Fundschicht und damit des Ensembles an archäologischen Funden nahmen Steinartefakte eine wichtige Rolle ein. Sie dienten dabei als sogenannte *fossils directeurs* (wörtl. *Leitfossilien*). Dieser Begriff ist aus der Geologie entlehnt und bezeichnet Artefaktformen, die nur in bestimmten Epochen vorkommen. PrähistorikerInnen haben sogenannte Typenlisten erstellt, um die steinzeitlichen Artefakte aufgrund morphologischer Unterschiede voneinander abzugrenzen (Bordes 1950). Vor allem in Frankreich gab es ab den 1980er Jahren verstärkt Bestrebungen, den Produktionsprozess von Steinartefakten besser nachvollziehbar zu machen (Boëda 1988, 1994, 1995; Boëda et al. 1990; Pelegrin 1990, 1995). Dabei spielen einerseits die Technologie *(konzeptionelles Wissen)* und andererseits die Technik *(praktische Umsetzung)* eine Rolle. Das Zusammenspiel beider Ebenen steht im Fokus des Interesses technologischer Untersuchungen. Über den Nutzen zur Datierung hinaus bieten Steinartefakte nämlich eine große Bandbreite an zusätzlichen Möglichkeiten des Wissensgewinns (Abb. 1.1). So erlaubt zum Beispiel die Analyse der Herstellungsweise Aussagen zu den in vergangenen Gemeinschaften bekannten und praktizierten technologischen Konzepten in der Artefaktproduktion; die Erforschung des Rohmaterials hingegen lässt Schlüsse auf Wanderungsbewegungen und Kontakte von prähistorischen Menschengruppen zu. Eine umfassende Untersuchung von Steinartefakten birgt daher ein enormes

Y. Tafelmaier et al., *Methoden zur Analyse von Steinartefakten, essentials,*
https://doi.org/10.1007/978-3-658-30570-3_1

Aspekte menschlichen Verhaltens

Gebrauch &
Lagerungsverhältnisse
Kantenveränderungen
Rohmaterial
Mobilität

Handhabung &
Gebrauch   Residuen
Morphologie
Funktionsweise
Zeitliche Einordnung

Produktionsfehler
Individuelles
Handeln
Technologie
Produktionsprozess

Aspekte \ Kapitel	① Attribut-analyse	② Transformations-analyse	③ Chaîne opératoire	④ Arbeitsschritt-analyse	⑤ Technofunktionale Einheiten	⑥ Mikroskopische Untersuchungen
Zeitliche Einordnung						
Mobilität						
Produktionsprozess						
Individuelles Handeln						
Funktionsweise						
Handhabung						
Gebrauch						
Lagerungsverhältnisse						

Abb. 1.1 Steinartefakte sind eine reiche Informationsquelle. Unterschiedliche Merkmale lassen Schlüsse auf diverse Aspekte wissenschaftlicher Fragestellungen zu. Diese Aspekte umfassen Fragen zum Leben steinzeitlicher Menschen, zu taphonomischen Vorgängen, sowie allgemeinen zeitlichen und kulturellen Einordnungen. Der untere Teil der Abbildung zeigt, welche Methoden für welche Fragestellungen besonders geeignet sind und in welchen Kapiteln darauf eingegangen wird

Potential, die kulturelle Evolution steinzeitlicher Menschen und das Alltagsleben vergangener Gesellschaften zu rekonstruieren.

Mit dem vorliegenden Überblick über verschiedene, weltweit genutzte Analysemethoden für Gesteinsartefakte möchten wir dazu beitragen, diese Möglichkeiten ins Bewusstsein von Studierenden und KollegInnen zu holen sowie ihren

Mehrwert herausstellen. Auch wenn die Methoden aus didaktischen Gründen getrennt vorgestellt werden, ist es die aus unseren Lehr- und Forschungstätigkeiten an deutschen Universitäten entstandene Überzeugung, dass die diversen Ansätze kombiniert werden können und sollten. Anlass zur Entstehung dieses Buches ist das an der Tübinger Eberhard Karls Universität in der Abteilung für Ältere Urgeschichte und Quartärökologie umgesetzte Lehrkonzept, das die unterschiedlichen Methoden den Studierenden in Übungen ergänzend zum Grundlagenkurs „Artefaktmorphologie" vermittelt. In den einzelnen Kapiteln werden die Arbeitsweisen knapp beschrieben, historisch angerissen, Anwendungsbeispiele erläutert, sowie Stärken und Schwächen angesprochen. Gemäß unseren Kursen in der Lehre haben wir die Kapitel wie folgt aufgeteilt:

Kap. 2: Die Attributanalyse (Manuel Will).
Kap. 3: Die Transformationsanalyse (Guido Bataille).
Kap. 4: Der *Chaîne opératoire*-Ansatz (Viola Schmid).
Kap. 5: Die Arbeitsschrittanalyse (Yvonne Tafelmaier).
Kap. 6: Die Analyse von techno-funktionalen Einheiten (Yvonne Tafelmaier).
Kap. 7: Mikroskopische Gebrauchsspurenanalysen (Andreas Taller).

Selbstverständlich können im Rahmen dieser kurzen Übersicht nicht alle Methoden berücksichtigt werden. Wir stellen diejenigen vor, die aus unserer Sicht die wichtigsten und praktikabelsten sind. Techniken der Dokumentation von archäologischen Objekten, sprich das Erstellen von Zeichnungen (vgl. Hahn 1992), Fotografien sowie dreidimensionalen Modellen gehören nicht zum Anliegen dieses Werks.

Ein gewisses Grundwissen über Steinartefakte setzt dieses Buch voraus. Zahlreiche Fachbegriffe können hier nicht im Detail erklärt werden. Zu einem ersten Einstieg sei auf das von Joachim Hahn 1991 verfasste Buch „Erkennen und Bestimmen von Stein- und Knochenartefakten – Einführung in die Artefaktmorphologie" verwiesen. Dieses Standardwerk hat nicht an Gültigkeit verloren. Auch der von Harald Floss 2012 herausgegebene Sammelband „Steinartefakte", der sich vor allem, aber nicht ausschließlich, mit der Klassifikation von Steinartefakten beschäftigt, sei zur Lektüre empfohlen.

Die Attributanalyse

2

2.1 Einleitung

Grundsätzlich kann man bei der Ansprache von Steinartefakten einen reduktionistischen und einen holistischen Ansatz unterscheiden. Die **holistische,** oder **hermeneutische,** Herangehensweise betrachtet das Steinartefakt (oder ein Inventar) in seiner Gesamtheit als analytisches Objekt. Dieser ganzheitliche Ansatz betrachtet die Merkmale eines Steinartefaktes/inventars in ihrem Zusammenspiel, und umfasst typologische und technologische Klassifikationen von lithischen Objekten (vgl. Kap. 4). Der **reduktionistische,** oder **atomisierende,** Ansatz zerteilt hingegen ein Inventar in einzelne Steinartefakte, und Steinartefakte in einzelne Elemente (Attribute oder Merkmale) die hier jeweils die analytischen Einheiten bilden. Eine Attribut- oder Merkmalsanalyse zerlegt also die komplexe Morphologie und Metrik von Steinartefakten in ihre Einzelteile, um diese individuell zu definieren, zu messen, anzusprechen und auszuwerten. Ziel und Erkenntnisinteresse der Methode ist es, aufgrund der quantitativen Auswertung dieser Attribute die Methoden und Techniken der Steinartefaktherstellung eines Inventars zu rekonstruieren, überprüfbare Schlussfolgerungen auf Abbausequenzen und techno-ökonomisches Verhalten zu generieren und spezifische Hypothesen zu testen.

Um anhand von unterscheidbaren Merkmalen an Steinartefakten sinnvolle und gezielte Schlüsse über die Vergangenheit zu ziehen, beruft sich der Ansatz auf theoretische und empirische Bezugspunkte. Dieses Wissen über spezifische Schlagmerkmale stammt aus den allgemeinen physikalischen Grundlagen der **Bruchmechanik,** die dem Steinschlagen zugrunde liegenden Gesetzmäßigkeiten untersucht und somit fundierte Rückschlüsse erlaubt (Cotterell und Kamminga 1987). **Experimente,** kontrollierte wie replikative

© Springer Fachmedien Wiesbaden GmbH, ein Teil von Springer Nature 2020
Y. Tafelmaier et al., *Methoden zur Analyse von Steinartefakten,* essentials,
https://doi.org/10.1007/978-3-658-30570-3_2

Studien, liefern erweiterte Kenntnisse zur Beziehung zwischen konkreten analytischen Attributen und zu rekonstruierenden Methoden und Techniken des Steinschlagens (Whittaker 1994; Pelcin 1997; Pelegrin 2000; Dibble und Rezek 2009).

Der Attributanalyse fällt eine duale Rolle zu: Erstens als **methodische Schule** mit quantitativ-statistischem Fokus und zweitens als allgemeine **analytische Vorgehensweise** und reiner **Merkmalskatalog**. Als methodische Schule ist die *attribute analysis* ein dominant angelsächsisches Phänomen, mit wichtigen Vertretern vor allem in den USA und Australien. Diese Schule zeichnet sich durch einen Fokus auf messbare, standardisierte **Quantifizierung** individueller Attribute und deren statistischer Auswertung aus. Subjektive, interpretative und wertende Elemente anderer Methoden sollen zugunsten einer objektiven, replizierbaren und transparenten Aufnahme von Steinartefakten vermieden werden. Die Attributanalyse wird in diesem Buch allerdings als erstes Kapitel vorangestellt, da prinzipiell alle folgenden Methoden, wie auch Klassifizierungen und Typologien von Steinartefakten, auf der (impliziten oder expliziten) Verwendung von beobachtbaren Merkmalen basieren.

2.2   Forschungsgeschichte

Die Verwendung von Merkmalen zur Klassifizierung von Steinartefakten charakterisiert schon die Ursprünge der Steinzeitforschung. Auch die im Folgenden entwickelten Typologien (Bordes 1961) basieren auf der zumeist nicht spezifizierten Kombination von Attributen, zum Beispiel Form und Ausmaß der Retuschen. Ein expliziter Fokus auf einzelne Merkmale an lithischen Objekten und deren mengenmäßige Aufnahme lässt sich vor allem im angelsächsischen Raum seit den 1970ern fassen. Wurzeln für diese Entwicklungen finden sich in der aufkommenden New Archaeology mit ihrem Desiderat nach objektiveren und statistischen Methoden, einem Fokus hin auf Variabilität und der Auswertung aller Produkte, sowie einer engeren Verknüpfung mit der experimentellen Archäologie des Steinschlagens und wichtigen Arbeiten zur Bruchmechanik (Speth 1972; Dibble und Whittaker 1981; Cotterell et al. 1985; Cotterell und Kamminga 1987). Wenn auch selten klar als methodische Schule formuliert, verweisen doch einflussreiche Publikationen (Fish 1981; Sullivan und Rozen 1985; Shott 1994; Tostevin 2003, 2012; Dibble und Rezek 2009), Doktorarbeiten (z. B. Magne 1985) und Lehrbücher zur Steinartefaktanalyse mit starkem oder ausschließlichem Fokus auf quantitative Merkmalsauswertungen (Odell 2004; Holdaway und Stern 2004; Andrefsky 2005; Shea 2013) auf ein Vorherrschen der Attributanalyse als dominante Richtung im angelsächsischen Bereich. Im deutschen Sprachraum spielt die Attributanalyse als methodische Schule eine geringe Rolle. Allerdings lässt sich ein klarer Bezug zur Aufnahme einzelner Merkmale und deren quantitativen Auswertung an einzelnen Steinartefakten in einer Reihe wichtiger methodischer Publikationen (Kerkhof und Müller-Beck 1969; Auffermann et al. 1990; Drafehn et al. 2008), Lehrbüchern (Hahn 1991) und Monographien der Auswertung bedeutender Inventare des deutschen Paläo- und Neolithikums (z. B. Hahn 1988; Zimmermann 1988) feststellen. Bis heute wird die Attributanalyse hier hauptsächlich als ein Werkzeug unter mehreren im Methodenbaukasten gesehen und mit diesen kombiniert.

2.3 Vorgehensweise (Methode)

Grundsätzlich werden bei der Attributanalyse Inventare nicht in ihrer Ganzheit, sondern getrennt nach einzelnen Steinartefakten als analytische Einheit aufgenommen und diese nach ausgewählten metrischen und morphologischen Attributen ausgewertet. Nach der Datenaufnahme wird das Inventar anhand der Gesamtheit oder ausgewählten Stichproben der Attributdaten quantitativ und statistisch analysiert. Es existiert kein festes Schema oder Kochbuchrezept für eine Attributanalyse. Der Grund hierfür liegt im je variierenden inhaltlichen Kontext, der Beschaffenheit des Inventars sowie der zugrunde liegenden Fragestellung und dem Umfang der Auswertung. In jedem Fall umfasst eine attributanalytische Auswertung folgende Arbeitsschritte: a) Vorbereitung und Aufbereitung; b) Erhebung/Aufnahme der Daten; c) Auswertung der Daten; d) Interpretation, Einordnung und Kontextualisierung der Ergebnisse.

2.3.1 Vorbereitung und Aufbereitung

Vor jeder Attributanalyse werden der theoretische, thematische und konkrete Kontext der Aufnahme sowie die entsprechende Zielsetzung, Fragestellung, Hypothesen und Umfang der Auswertung festgelegt bzw. bedacht. Diese Faktoren beeinflussen maßgeblich die folgenden Schritte b)–d). Zur Vorbereitung gehört eine erste Durchsicht des Inventars, welche einen numerischen Überblick über die Steinartefakte, die Diversität des Formen- und Rohmaterialspektrums sowie mögliche notwendige Aufarbeitungsarbeiten – Säubern und individuelle Beschriftung – umfasst. Anschließend wird geklärt, welche Stücke in die Attributanalyse einbezogen werden z. B. alle vorhanden Artefakte oder nur Stücke ab einer gewissen Größe („size cut-off").

Erst nach dieser Vorarbeit erfolgt die Erstellung einer **Merkmalsliste**. Diese Liste orientiert sich an den obengenannten Rahmendaten, erlaubt eine Beantwortung der Forschungsfragen, ermöglicht Rückschlüsse über die Art des Steinschlagens und erfasst die Morphologie und Metrik der Artefakte. Grundsätzlich werden unterschiedliche **Attribute** für Grundformen, Kerne und Werkzeuge aufgenommen (Abb. 2.1, 2.2, 2.3). Zwar gibt es keine einheitliche Attributliste, allerdings wurden von einigen Autoren (z. B. Shott 1994) minimale Listen erstellt, die in jedem Fall aufgenommen werden sollten. Zu diesen Attributen gehören unter anderem Gewicht, Rohmaterial, Kortexanteil, Bulbus, Anzahl dorsaler Negative, Art des Schlagflächenrestes und Messstrecken wie maximale Dimension, Länge, Breite und Dicke. Weitere Merkmale umfassen grundlegende Eigenschaften zur Erfassung von Metrik und Schlagtechnik (Abb. 2.1, 2.2). Listen und Darstellungen von möglichen metrischen und diskreten Attributen finden sich in einschlägiger Literatur und Lehrbüchern (Auffermann et al. 1990; Hahn 1991; Odell 2004; Holdaway und Stern 2004; Andrefsky 2005; Shea 2013).

Entscheidend bei der Erstellung des je konkreten Aufnahmeschemas sind drei Schritte. 1) **Definition** des aufzunehmenden Attributes. Eindeutige, transparente und nachvollziehbare Definitionen gewährleisten Replizierbarkeit. 2) Festlegung der **Ausprägung** bzw. Zustände der Attribute, samt Festsetzung des Messniveaus (diskret vs. kontinuierlich). Kategorien für nicht ansprechbar (NA) sollten vorhanden sein. 3) Erörterung des **Nutzens** und der Relevanz des aufzunehmenden

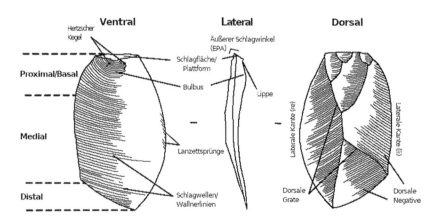

Abb. 2.1 Übersicht von Begrifflichkeiten und allgemeinen diskreten Schlagmerkmalen an Grundformen. Grafik: Manuel Will & Melanie-Larisa Peter, erstellt auf Basis von Inizan et al. 1999: Fig. 5

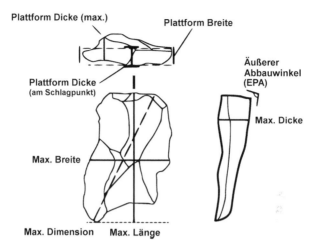

Abb. 2.2 Darstellung der wichtigsten metrischen Attribute (Messstrecken) an Grundformen. EPA = Exterior Platform Angle. Grafik: Manuel Will & Melanie-Larisa Peter

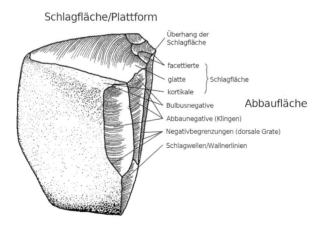

Abb. 2.3 Übersicht von Begrifflichkeiten und allgemeinen diskreten Schlagmerkmalen an Kernen. Grafik: Manuel Will & Melanie-Larisa Peter, erstellt auf Basis von Inizan et al. 1999: Fig. 20

Merkmales entsprechend des Kontexts und Zieles der Auswertung (Informationsgehalt). Dies führt zu einer Eingrenzung der aufzunehmenden Attribute. Die Merkmalsliste wird in ein **Aufnahmeraster** umgearbeitet (Abb. 2.4), um eine

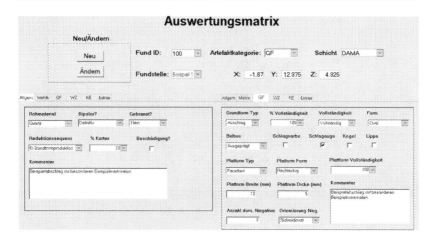

Abb. 2.4 Beispielhafte Auswertungsmatrix für Attribute an Steinartefakten (hier Fundstelle Hoedjiespunt 1, Südafrika). Attribute als Überschriften (fett), Attributausprägungen auswählbar/eingebbar in Kästchen. Grafik: Manuel Will

einfache Erhebung je Attribut zu erlauben. Auf dieser Basis wird eine **Datenbank** mit Eingabemaske erstellt. Zwar erlauben andere Programme (z. B. Excel) ebenfalls eine einfache Aufnahme, allerdings fehlen ihnen entscheidende Merkmale eines Datenbanksystems (z. B. Kontrolle großer Datenmengen, Konsistenzprüfungen, effiziente Abfrage von Daten).

2.3.2   Erhebung/Aufnahme der Daten

Die Erhebung bzw. Aufnahme der Daten erfolgt immer auf der Ebene eines **einzelnen Steinartefaktes** und nach **ausgewählten Attributen** durch Eingabe in die Datenbank. Stücke sollten daher eindeutig beschriftet und getrennt in individuellen Fundtüten gelagert sein. Nacheinander werden die einzelnen Artefakte zuerst allgemein betrachtet und auf Besonderheiten und mögliche Probleme untersucht (z. B. Verkrustungen). Im Folgenden werden die einzelnen Attribute nacheinander analysiert und die jeweils zutreffende Attributausprägung angegeben bzw. das Maß genommen. Im Anschluss erfolgt die Kontrolle der Eingaben. Schließlich wird das Steinartefakt zurückgelegt und mit entsprechendem Verweis (z. B. auf die zugehörige Fundtüte) als eingegeben markiert, und mit dem nächsten Stück begonnen. Folgende Richtlinien sollten beachtet werden: Das gewählte Vorgehen und die Attributliste wird konstant durchgehalten. Aufnahme und Messungen müssen exakt vorgenommen werden, damit die Daten belastbar sind. Ständige Dokumentation durch analoge oder digitale Notizen, Fotografie und Zeichnung ist hilfreich. Die notwendigen Instrumente – Lupen, Lampen, Waagen, Messschieber, Winkelmesser – sollten auf korrekte Funktion geprüft und konsistent genutzt werden.

2.3.3 Auswertung der Daten

Die Auswertung der Daten (Datenanalyse) erfolgt immer auf der Ebene des **gesamten Inventares** oder **ausgewählter Stichproben,** nie am Einzelstück. Am Ende der Datenauswertung stehen repräsentative, quantitative Zusammenfassungen des Steinartefaktinventars nach Attributen. Mengenmäßige

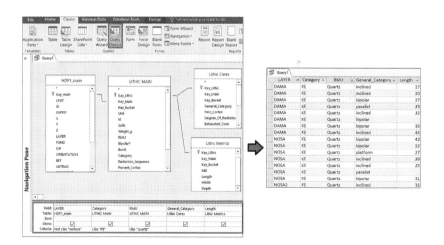

Abb. 2.5 Beispielhafte Datenabfrage (Query) für Attribute an Steinartefakten aus einer Microsoft Access-Datenbank (hier Fundstelle Hoedjiespunt 1, Südafrika). Links: Datenabfrage mit verknüpften relationalen Tabellen und Kriterien der Abfrage (links unten), Rechts: Ergebnisdarstellung der Abfrage. Grafik: Manuel Will

Beschreibungen des Gesamtinventares einer Schicht bestehen aus einfachen Tabulationen von Anzahl (n) und Anteil (%) von kategorialen Attributen (z. B. Werkzeugtypen, Rohmaterialien, Grundformtypen), anschaulichen Grafiken, oder statistischen Maßzahlen von kontinuierlichen Merkmalen (z. B. durchschnittliche, maximale und minimale Länge von Klingen oder Kernen). Ausgewählte Stichproben, wie die Untersuchung aller retuschierten Artefakte oder sämtlicher Klingen, helfen bei der Antwort spezifischer Fragen. Auswertungen in einer relationalen Datenbank (Abb. 2.5) erlauben beliebige differenzierte Auswahl von auszuwählenden Attributen und Stichproben durch Abfragen.

Vor jeder Datenanalyse werden alle Daten auf ihre Korrektheit kontrolliert. Die quantitative Auswertung folgt den Regeln der deskriptiven und analytischen Statistik. Grundlegend können quantitative Daten in **Tabellen, Grafiken** und **statistischen Parametern** dargestellt werden (Abb. 2.6). Diese Überführung der Attribut-Daten aus der Datenbank in darstellendes Zahlenwerk erfolgt mithilfe geeigneter Kalkulations-Software wie z. B. Microsoft Excel oder Statistikprogrammen wie z. B. SPSS. Zusätzliche Verfahren aus der analytischen Statistik erlauben das Testen von spezifischen Hypothesen auf Nichtzufälligkeit (z. B. Assoziationen von Rohmaterialien mit Grundformen; Größenunterschiede zwischen Werkzeugtypen). Korrekter Umgang mit quantitativen Daten ist entscheidend und kann in Lehrbüchern zur Statistik nachgelesen werden.

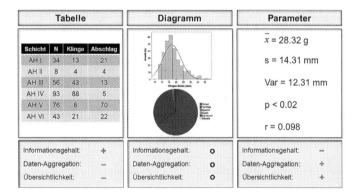

Abb. 2.6 Übersicht zu den Vor- und Nachteilen zur Darstellungsform von quantitativen Daten in Tabellen, Diagrammen und statistischen Parametern mit Beispielen. Grafik: Manuel Will

2.3.4   Interpretation, Einordnung und Kontextualisierung der Ergebnisse

Als letzter Schritt der Attributanalyse steht die Interpretation der quantitativen Ergebnisse. Diese beruht grundsätzlich auf der Referenz zu den Gesetzen der Bruchmechanik, experimenteller Forschung zu Steinartefakten, und anderen publizierten Artefaktanalysen (z. B. Abgleich mit Ergebnissen anderer Methoden oder Studien). Diese Verknüpfung führt zu belastbaren Interpretationen hinsichtlich der Rekonstruktion von Technik, Methoden, Abbausequenzen und techno-ökonomischem Verhalten am konkreten Inventar. Einflussfaktoren wie Beschaffenheit und Kontext des Inventars (z. B. Oberflächensammlung) müssen beachtet und hinterfragt werden. Am Ende der Auswertung steht die weitere Einbettung der Interpretationen im Hinblick auf die konkrete Fragestellung und die generelle thematische Forschung.

2.4   Stärken und Schwächen, wann anwenden, wann nicht?

Die Stärken der Attributanalyse liegen in ihrem hohen Grad an **Transparenz, Intersubjektivität** und **Replizierbarkeit,** sowie den vergleichsmäßig geringen Voraussetzungen (Expertenwissen) für den Analysten. Prinzipiell lässt sie sich daher auf jedes Steinartefaktinventar anwenden, unabhängig vom zeitlichen, räumlichen oder kulturellen Kontext. Die Schwächen der Methodik liegen in der benötigten Stichprobengröße, um sinnvolle quantitative Auswertungen zu ermöglichen, sowie in einer oberflächlicheren Beschreibung von Artefakten, der die Dynamik von interpretativen, holistischen Ansätzen fehlt. Eine Attributanalyse ist dann sinnvoll, wenn ein großes Inventar vorliegt (n > 100), ein allgemeiner Überblick geschaffen werden soll und die Fragestellung auf vergleichende Untersuchungen fokussiert ist. Für kleine Inventare (n < 30), tief greifende Studien zu einzelnen Fundkategorien (z. B. Keilmesser) und Abbaumethoden bieten sich andere bzw. ergänzende Ansätze an, welche jedoch auch mit Merkmalslisten kombiniert werden sollten.

Die Transformationsanalyse 3

3.1 Einleitung

Steinwerkzeuge sind das Resultat komplexer und vielgestaltiger Herstellungs-prozesse, die häufig zeitlich und räumlich versetzt ablaufen. So kann die grobe Zurichtung eines **Rohstücks**, z. B. die Entrindung einer Feuersteinknolle, bereits an der ursprünglichen **Lagerstätte** durchgeführt worden sein. Die methodische Festlegung des Kernabbaukonzeptes und damit verbunden der Prozess der **Kern-zurichtung** sowie die daran anschließende Gewinnung von **Grundformen** (Abschläge, Klingen und Lamellen) erfolgte dann beispielsweise an einer kurz-fristig belegten **Jagdstation.** Zugleich können zu unterschiedlichen Werk-zeugformen zugerichtete Grundformen schließlich für in der Zukunft liegende Aktivitäten mitgeführt und an unterschiedlichen Lagerplätzen abgelegt worden sein. Mithilfe der **Transformationsanalyse** (TA im Folgenden) können solche zeitlich und räumlich versetzten Handlungsabläufe rekonstruiert und techno-logische Konzepte adäquat beschrieben werden. Dazu werden **Artefaktinventare** archäologischer Horizonte anhand makroskopischer, also für das bloße Auge sichtbarer, Merkmale ihrer Rohmaterialeigenschaften zu **Rohmaterialeinheiten** sortiert. Ziel ist es, die Steinartefakte eines Inventars möglichst in knollengleichen Einheiten aufzulösen. Solche Gesteinseinheiten, die von einem ursprünglichen Rohstück stammen, werden als **Werkstücke** bezeichnet. Dieser Forschungs-ansatz, der anhand der Analyse von Rohmaterialeigenschaften Inventare in Gesteinseinheiten unterteilt, weist methodische Überschneidungen mit der Schaffung von **Zusammensetzungseinheiten** auf, da diese eine solche Vor-sortierung voraussetzt (Cziesla 1986). Die über den Sortierungsprozess erkannten Werkstücke können Auskunft über angewandte **technologische Konzepte** der Steinartefakt-Produktion in Einzelinventaren geben. Gegebenenfalls lässt sich so die Bandbreite unterschiedlicher techno-funktionaler Herstellungsstrategien, die sich in unterschiedlichen Werkstücken abzeichnen und zu bestimmten Operationsschemata zusammengefasst werden können, rekonstruieren. Somit gibt es ebenfalls inhaltliche und formale Überschneidungen mit dem aus der französischen Sozialanthropologie übernommenen Ansatz der Rekonstruktion von **Operationsketten** (frz. *chaînes opératoires*) (vgl. Kap. 4). Anders als mit der **Arbeitsschrittanalyse** (vgl. Kap. 5) sowie ihres französischen Pendants der *,méthode diacritique'*, welche Handlungsketten anhand der Analyse von Einzelartefakten untersucht, werden mittels der TA Abbaustrategien auf der Basis ganzer Inventare rekonstruiert (Chabai et al. 2005, 2006). Somit können aus den einzelnen Rohmaterialeinheiten auf Tradition und individuellen Lösungsansätzen beruhende Reduktionssequenzen, also konkrete Handlungsabläufe und Aktivitäten, extrahiert werden.

3.2 Forschungsgeschichte

Die TA wurde als methodisches Konzept von dem Erlanger Urgeschichtsforscher W. Weißmüller (1950–2005) im Rahmen seiner Habilitation an der Universität Erlangen anhand mittelpaläolithischer Steininventare der Sesselfelsgrotte (Bayern) entwickelt (Weißmüller 1995). Weißmüller orientierte sich dabei an bestehenden Forschungsansätzen, wie z. B. der Rekonstruktion von Konzepten der Kernreduktion (z. B. Geneste 1985; Boëda et al. 1990). Methodischer Ausgangspunkt ist die systematische Analyse von Rohmaterialeigenschaften geschlossener Inventare. Im deutschsprachigen Raum untersuchte bereits G. Bosinski in den 1960er Jahren die Rohmaterialbeschaffenheit mittelpaläolithischer Steininventare und bildete auf deren Basis Zusammensetzungsund somit auch Importeinheiten (Bosinski et al. 1966). Auf G. Bosinskis Arbeiten fußend, stellte H. Thieme Untersuchungen zu fundplatzspezifischen Aktionen an und definierte Aktivitätszonen (Thieme 1983, S. 93 ff.). Auch H. Löhr (1982), K. H. Rieder (1981/82), J. Hahn (1988), W. Roebroeks (1988) sowie N. J. Conard et al. (1998) nutzten makroskopische Merkmale von Steinartefaktinventaren zur Bildung von Werkstücken und Zusammensetzungseinheiten. Auf diese Weise erhöhte sich die Auflösung der Rekonstruktion von menschlichen Aktivitäten und Handlungsketten, die zur Akkumulation von Artefakten an einem Fundplatz beitrugen. Weißmüller erdachte darüber hinaus ein einheitliches und standardisiertes methodisches Konzept zur Bestimmung und Auswertung von Rohmaterialeinheiten. Dieses wurde seit dem Ende der 1990er Jahre insbesondere von deutschsprachigen Forschern zur Untersuchung funktionaler Beziehungen zwischen paläolithischen sowie mesolithischen Steinartefaktinventaren und Umweltparametern angewandt (Richter 1997; Kind 2003; Chabai et al. 2005, 2006; Böhner 2008). Insbesondere im Rahmen dieser und neuerer Arbeiten wurde die Methode mit einem Aufnahmesystem verknüpft, welches techno-typologische Merkmale der Steinartefakte sowie rohmaterialspezifische Attribute der Rohmaterialeinheiten erfasste (Uthmeier 2004a, b; Bataille 2017).

Während die Suche nach Zusammensetzungssequenzen in der internationalen Forschung mittlerweile eine Jahrzehnte dauernde Tradition hat und heute zum Standardrepertoire der Analyse von lithischen und organischen Artefakten gehört, beginnt sich die Methodik der Werkstücksortierung erst allmählich im internationalen Rahmen als standardisierte Methode durchzusetzen (z. B. Machado et al. 2016; Romagnoli et al. 2016; Romagnoli und Vaquero 2016).

3.3 Transformationsanalyse: Eine Methode zur Rekonstruktion vergangener Aktivitäten

Die Formgebung von Steinartefakten vollzieht sich im Zusammenhang einer fortlaufenden Handlungs- und Ereigniskette, wobei im Zuge einzelner Schritte Material abgespalten und in Form sowie Funktion verändert bzw. transformiert wird (Weißmüller 1995, S. 13). Aufgabe der TA ist es nun die einzelnen Artefakte wieder einer ursprünglichen Gesteinseinheit zuzuführen und die ursprünglichen Abbausequenzen nachzuvollziehen. Zentrales Element der von W. Weißmüller entwickelten TA ist daher die Werkstückbildung, also die Sortierung einzelner Artefakte zu einem ursprünglichen Rohstück anhand gemeinsamer Merkmale der Rohmaterialausprägungen (Uthmeier 2004a). Auf diese Weise können die einzelnen Etappen der Herstellungsprozesse von Steinartefakten in ihrem technologischen, räumlichen und, in Bezug auf weitere Artefaktkategorien, funktionalen Kontext erfasst werden.

Die TA lässt sich in zwei Schritte unterteilen. 1) Der erste Schritt ist die Sortierung von Steinartefakten nach makroskopischen Merkmalen zu gemeinsamen Rohmaterialgruppen, dem 2) die Rekonstruktion der Formveränderung, also der Transformation, am Fundplatz folgt. Auf diese Weise kann auf zeitlich vor der Belegung stattgehabte Formveränderungen als auch auf den nachfolgenden Export von Steinmaterial geschlossen werden (z. B. Uthmeier 2004b; Bataille 2010). So ist es schließlich möglich, Werkstücke unterschiedlichen Transformationsklassen zuzuordnen, um spezifische Transformations- und Reduktionssequenzen zu rekonstruieren. Technologisch signifikante Artefakt-Typen (z. B. primäre Kernkantenklingen), Kortex-Bedeckung und metrische Maße (vgl. Kap. 2) geben so Auskunft über Vorhandensein und Abwesenheit technologischer Schritte (z. B. primäre Kernkantenpräparation), welche einer spezifischen Reduktionssequenz angehören. Aufbauend auf diesen Stufen der TA lassen sich schließlich weiterreichende Aussagen über angewandte technologische Konzepte (Weißmüller 1995), Fund- und Befundzusammenhänge (Bataille 2010) sowie zu Fundplatzfunktion und -genese (z. B. Uthmeier 2004b; Kretschmer 2006; Bataille 2012) anstellen.

Auf diese Weise ist die Rekonstruktion am Fundplatz durchgeführter Transformationsprozesse, welche auf individuellen Entscheidungen und technologischen Traditionen (= **Konzepten**) beruhen, möglich. Indem fehlende Objekte, wie z. B. Entrindungsabschläge, Kernkantenklingen oder bestimmte Kerntypen, welche zwingend zur Ausprägung einer Rohmaterialeinheit beigetragen haben müssen, eruiert werden, können Aussagen über vorangegangene Ereignisse und gegebenenfalls über in die Zukunft gerichtete Tätigkeiten angestellt werden (Uthmeier 2004b). Ganz konkret wird auf diese Weise versucht, „die Aktion, die zur Entstehung der Fundakkumulation geführt hat, (zu) rekonstruieren" (Weißmüller 1995, S. 27). Weißmüller (1995, S. 28 ff.) verweist in diesem Zusammenhang auf tradierte und aus der individuellen Erfahrung stammende **Konzeptreservoirs,** aus denen Steinschlägerinnen und Steinschläger schöpfen können.

3.3.1 Rohmaterialanalyse und Werkstückbildung

Im ersten Schritt werden Steinartefakte nach Maßgabe ihrer Rohmaterialeigenschaften zu ursprünglichen Gesteinsstücken zurücksortiert (= Rohmaterialeinheiten). „Werkstücke, bestehend aus zwei oder mehreren gesteinsstückgleichen Artefakten" lassen sich dabei auf ursprüngliche Gesteinseinheiten zurückführen (Weißmüller 1995, S. 58). Durch diese Werkstückbildung sollen „der Zustand der Gesteinsstücke bei der Ankunft an der Fundstelle (= Importzustand)" sowie „die Stadien der Formveränderung im Bereich der Fundstelle (= Transformationsstadien)" rekonstruiert werden (Abb. 3.1) (Weißmüller 1995, S. 247). Artefakte, die aufgrund spezifischer Charakteristika keinem anderen Stück zugeordnet werden können, werden als Einzelstücke klassifiziert (Weißmüller 1995, S. 58). Oftmals stammen solche exotischen meist zahlenmäßig kleinen Rohmaterialeinheiten bzw. Einzelstücke von weiter entfernt gelegenen Rohmateriallagerstätten (Bataille 2010). Für eine Rohmaterialsortierung geeignet ist insbesondere Feuerstein, da dieses Gestein oftmals eine ausgeprägte strukturelle und morphologische Variabilität aufweist. Grundsätzlich gilt, je heterogener das untersuchte

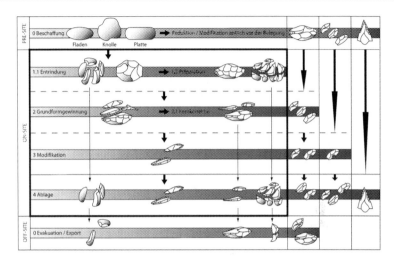

Abb. 3.1 Mögliche Reduktionsketten und Transformationsausschnitte der Steinartefakt-herstellung am Beispiel von Levallois-Reduktionssequenzen. Grafik: Guido Bataille

Rohmaterial, umso geeigneter ist es für eine hoch auflösende Sortierung auf Werkstückbasis. Ein hoher Patinierungsgrad sowie eine große Anzahl verbrannter Stücke innerhalb eines zu untersuchenden Inventars verhindern dagegen eine eindeutige Differenzierung nach Rohmaterialmerkmalen. Entsprechende Artefakte, „die aufgrund des Rohmaterials, der Erhaltung oder der zu geringen Größe nicht weiter" ansprechbar sind, müssen daher als Sortierrest ausgegliedert werden (Weißmüller 1995, S. 58). Im Zuge der Werkstückbildung werden auf Basis der Sortierbarkeit folgende Ordnungsklassen erzeugt: Einzelstücke, Werkstücke, Varietäten eines Rohmaterialaufschlusses und zu einer geologischen Formation gehörende Gesteine (Abb. 3.2).

Grundlage der Rohmaterialsortierung sind makroskopische Merkmale von Rinde (Kortex) und Spaltflächen (Abb. 3.2). Dies sind Farbe und Struktur von Kortex und Rohmaterialmatrix, aber auch charakteristische fossile Einschlüsse, Bänderungen oder Risse. An das jeweilige Rohmaterialspektrum angepasste Listen von Rohmaterialmerkmalen ermöglichen eine systematische Erfassung rohmaterialspezifischer Varianten (Uthmeier 2004a) (Abb. 3.3, 3.4). Zur Ermittlung von Farben und Farbnuancen bietet sich die Nutzung standardisierter Farb-Skalen an (z. B. Munsell Color Charts). Zur Unterstützung der makroskopischen Analyse können mikroskopische Verfahren herangezogen werden.

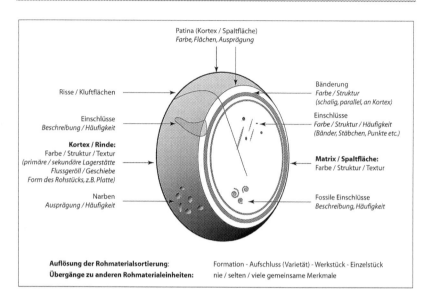

Patina (Kortex / Spaltfläche)
Farbe, Flächen, Ausprägung

Risse / Kluftflächen

Einschlüsse
Beschreibung / Häufigkeit

Kortex / Rinde:
Farbe / Struktur / Textur
(primäre / sekundäre Lagerstätte
Flussgeröll / Geschiebe
Form des Rohstücks, z. B. Platte)

Narben
Ausprägung / Häufigkeit

Bänderung
Farbe / Struktur
(schalig, parallel, an Kortex)

Einschlüsse
Farbe / Struktur / Häufigkeit
(Bänder, Stäbchen, Punkte etc.)

Matrix / Spaltfläche:
Farbe / Struktur / Textur

Fossile Einschlüsse
Beschreibung, Häufigkeit

Auflösung der Rohmaterialsortierung: Formation - Aufschluss (Varietät) - Werkstück - Einzelstück
Übergänge zu anderen Rohmaterialeinheiten: nie / selten / viele gemeinsame Merkmale

Abb. 3.2 Die Bestimmung unterschiedlicher Merkmale und ihrer Ausprägungen von Steinrohmaterial ist die Voraussetzung für eine erfolgreiche Rohmaterialsortierung und Transformationsanalyse. Grafik: Guido Bataille in Anlehnung an Th. Uthmeier (2004a: Fig. 11–2)

Solche Analysen sind insbesondere bei der genaueren Bestimmung fossiler Einschlüsse etc. und im Rahmen der Überprüfung der Sortierungsqualität von großem Vorteil.

3.3.2 Rekonstruktion der Rohmaterial-Transformation

Die eigentliche TA, also die Untersuchung von Formveränderungen am Fundplatz, lässt sich in zwei weitere Schritte unterteilen: 1) die Bestimmung von Importzustand und beobachtbaren Transformationsstadien pro Rohmaterialeinheit und 2) die Bestimmung des Transformationsausschnitts bzw. der Transformationsetappe des Gesamtinventars anhand dieser Rohmaterialeinheiten (Abb. 3.3, 3.4). Einen weiteren wichtigen Punkt stellt die „Evakuation" (Weißmüller 1995, S. 67 ff.) lithischen Materials, also das Fehlen bestimmter Artefaktkategorien (z. B. Kerne, Kernkantenklingen oder Abfall der Werkzeugherstellung) in Rohmaterialeinheiten und Inventaren dar (Abb. 3.1). Ein solches Fehlen kann auf post-depositionelle

AUFNAHMEBOGEN 1 - ROHMATERIALSORTIERUNG - MAKROSKOPISCHE MERKMALE

Fundplatz: (Name)   **GH:** (Geologischer Horizont)   **AH:** (Archäologischer Horizont)   **RM:** (Rohmaterial)

Anzahl der Artefakte: (pro Rohmaterialeinheit)   **Gesamtgewicht:** (pro Rohmaterialeinheit)

1. Importzustand der Rohmaterialeinheit

1. Auflösung	*2. Übergänge* (zu anderen Rohmaterialeinheiten)	*3. Bemerkung*
Einzelstück ☐	nie ☐	
Werkstück ☐	selten ☐	
Varietät ☐	häufig ☐	

2. Kortex - Merkmale		ohne ☐	*5. Bemerkung*
1. Kortexanteil	*2. Zustand*	*3. Lagerstätte*	
0% ☐	abreibbar ☐	primär ☐	
bis 25% ☐	ritzbar ☐	residual ☐	
bis 50% ☐	noch ritzbar ☐	Schotter ☐	
bis 75% ☐	glatt ☐	k.A. ☐	
bis 100% ☐	narbig ☐		

4. Farbe

3. Rohvolumen	Knolle ☐	Platte ☐	nicht erkennbar ☐
	Fladen ☐	sonstiges ☐	

3. Spaltflächen - Merkmale		*3. Patina*	*7. Bemerkung*
1. Struktur	*2. Glanz*		
kristallin ☐	glitzernd ☐	fehlt ☐	
rau ☐	glänzend ☐	komplett ☐	
glatt ☐	matt ☐	teilweise ☐	
sonstiges ☐	sonstiges ☐	oben / dorsal ☐	
		unten / ventral ☐	

4. Bänderung	*5. Schlieren*	*6. Farbe*
fehlt ☐	fehlt ☐	
an Kortex ☐	unscharf ☐	
schalig ☐	scharf ☐	
sonstiges ☐	sonstiges ☐	

3. makroskopische Merkmale - Einschlüsse			*5. Struktur*	*7. Bemerkung*
1. Drusen	*3. Einschlüsse*	*4. Form*	scharf ☐	
vorhanden ☐	einzelne ☐	punktförmig ☐	diffus ☐	
fehlen ☐	viele ☐	kreisförmig ☐	quarzitisch ☐	
2. Kluftflächen	fehlen ☐	oval ☐	sonstiges ☐	
	sonstiges ☐	amorph ☐	*6. Farbe*	
vorhanden ☐		Stäbchen ☐		
fehlen ☐		sonstiges ☐		

Abb. 3.3   Beispiel eines Aufnahmebogens zur Rohmaterialbestimmung einer Rohmaterialeinheit. Grafik: Guido Bataille

AUFNAHMEBOGEN 2 - TRANSFORMATION

Fundplatz: (Name)   **GH:** (Geologischer Horizont)   **AH:** (Archäologischer Horizont)   **RM:** (Rohmaterial)

1. Rohmaterialeinheit	**4. Bemerkung**
1. Auflösung *2. Stück gesamt*	
Einzelstück ☐ [ ]	
Werkstück ☐ *3. Gewicht gesamt*	
Varietät ☐ [ ]	

2. Transformationsausschnitt

0. rekonstruierter	*Rohstück* ☐	*Grundform* ☐	*Trümmer* ☐
Importzustand	*Kern* ☐	*Gerät* ☐	*sonstiges* ☐

Kortexzustand	**Kortex vollständig**	**teilweise Kortex**	**ohne Kortex**
1. Rohstück/ Kern	**(100%)**	**(<100 %)**	**(0%)**
Rohstück	[ ]	[ ]	
Kern	[ ]	[ ]	[ ]

2. Kernzurichtung			
Entrindungsabschläge	[ ]	[ ]	
Präparationsgrundformen	[ ]	[ ]	[ ]

3. Grundformproduktion			
Abspliss (< 3cm)	[ ]		[ ]
Abschlag	[ ]		[ ]
Klinge (max. Breite >/=12mm)	[ ]		
Lamelle (max. Breite < 12 mm)	[ ]		
Microblade (max. Br. <7mm)	[ ]		
Stichellamelle	[ ]		
Präparationsgrundform	[ ]		
Grundformfragment	[ ]		
Trümmer	[ ]		
sonstiges	[ ]		

4. Kernkorrektur			
primär	[ ]		[ ]
sekundär	[ ]		[ ]

5. Geräteproduktion			
modifiziertes Stück	[ ]		[ ]
Modifikationsabfall	[ ]		[ ]
isoliertes Werkzeugfragment	[ ]		
Werkzeugkorrektur	[ ]		

3. Transformationsklasse (nach Weißmüller 1995)

Einzelstück	**Präparation/ Korrektur**	**statische Objekte der Modifikation**	**Grundformgewinnung/ Modifikation**
Ro [ ]	Rp [ ]	iE [ ]	Rg [ ]
Ko [ ]		WE [ ]	Kg [ ]
Go [ ]	Kk [ ]	iM [ ]	Rm [ ]
Wo [ ]		WM [ ]	Km [ ]

Abb. 3.4 Beispiel eines Aufnahmebogens zur Bestimmung der Transformation, d. h. der Formveränderung am Fundplatz, einer Rohmaterialeinheit. Grafik: Guido Bataille

Verlagerungen, unvollständig ausgegrabene Fundhorizonte, aber auch auf einen bewussten Export bestimmter Artefakte zurückgeführt werden (Chabai et al. 2006). Zunächst werden die erkannten Rohmaterialeinheiten je nach Anwesenheit technologisch aussagekräftiger Artefaktkategorien, der Bestimmung des jeweiligen Anteils von Kortexresten sowie metrischer Maße kategorisiert. Weißmüller hat in diesem Zusammenhang 14 Transformationsklassen definiert, die Aussagen zum Importzustand und dem jeweiligen am Fundplatz feststellbaren Transformationsausschnitt zulassen (Weißmüller 1995, S. 61 f., 67 ff.) (Abb. 3.5). Dieses Vorgehen dient dem besseren Verständnis der weiter oben erwähnten räumlich und zeitlich versetzt ablaufenden Herstellungsketten von Steinartefakten, um so vergangene Aktivitäten rekonstruieren zu können. Weißmüller orientierte sich dabei an Modellen zur *Operationskette* mittelpaläolithischer Inventare (z. B. Geneste 1988; Boëda et al. 1990).

Die definierten Transformationsklassen werden durch jeweils zwei lateinische Buchstaben bezeichnet, wobei der erste Auskunft über den Importzustand und der zweite über die rekonstruierte Transformation am Fundplatz gibt (Weißmüller 1995: Abb. 21) (Abb. 3.5). So wird beispielsweise zwischen Werkstücken unterschieden, die als Werkzeug (W), Grundform (G), Kern (K) oder Rohstück (R) eingebracht wurden. Die Anwesenheit spezifischer „dynamischer" Kategorien (Weißmüller 1995, S. 68), wie z. B. Grundformen der Kernpräparation und Kernkorrektur, geben dann Auskunft über die vor Ort durchgeführte Transformation importierter Rohmaterialeinheiten. Auf Basis des Ausmaßes der Kortexbedeckung einer Rohmaterialeinheit kann unterschieden werden, ob Grundformen (g) von importierten Rohstücken (Rg) oder von Kernen (Kg) stammen. Solche dynamischen, also potenziell weiter modifizier- und transportierbaren Objekte, die während der Belegung produziert wurden, sind das Resultat bewusster Herstellungsprozesse. Diese werden von statischen Artefaktkategorien unterschieden, die durch ihre Anwesenheit Zeugnis bestimmter Herstellungsprozesse abgeben, selber aber nur Nebenprodukte dieser Prozesse sind. So kann einzig die Anwesenheit von Retuschierabsplissen eine Werkzeugmodifikation vor Ort anzeigen (iM, WM). Das gleiche gilt für isolierte Werkzeugfragmente bzw. defekte Werkzeuge, die eine Verwendung von Geräten vor Ort und eine im Zuge der Beschädigung erfolgte Ablage anzeigen (iE, WE). Ob dieser auf der Basis mittelpaläolithischer Inventare der Sesselfelsgrotte entwickelte Code verwendet werden soll, kann dem jeweiligen Bearbeiter überlassen werden. Wichtig bleibt festzuhalten, dass durch Rohmaterialsortierungen am Fundplatz stattgefundene Ereignisse erkannt und damit zusammenhängende Aktionsketten rekonstruiert werden können. Auf diese Weise ist es erst möglich, die oftmals aufgrund taphonomischer und anderer post-depositioneller Prozesse nicht eindeutig herzuleitende Zusammengehörigkeit von Artefakten zu belegen und spezifischen Belegungsereignissen zuzuordnen.

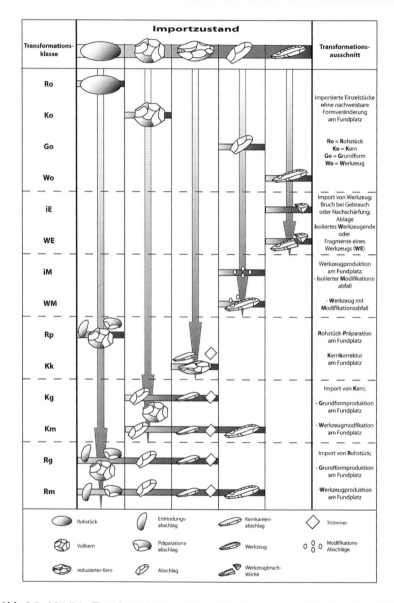

Abb. 3.5 Mögliche Transformationssequenzen am Beispiel der von W. Weißmüller (1995) entwickelten Nomenklatur von Transformationsklassen und Transformationsausschnitten. Grafik in Anlehnung an G. Bataille (2010: Fig. 2)

3.4 Anwendungsbeispiele und Interpretationsmöglichkeiten

Die TA dient letztendlich dazu, Aussagen über vergangene Aktivitäten in ihrem funktionalen und technologischen Kontext anstellen zu können. So ist beispielsweise die Bestimmung von Kernreduktionskonzepten in Hinsicht auf deren Technologie anhand weniger charakteristischer, zu einem Werkstück gehörender Objekte, möglich. Beispielsweise konnte mittels der TA nachgewiesen werden, dass spezifische lamellare Mikrolithen einer Rohmaterialeinheit mittels der Reduktion unterschiedlicher Stichelkerntypen produziert wurden (Bataille und Conard 2018: Plate 5, 1–7) (Abb. 3.6). Auch können auf der Basis von Werkstücksortierungen und ihrer räumlichen Korrelation mit anderen Fundkategorien weiterreichende Aussagen über Belegungspalimpseste (= Mehrfachbelegungen) und damit zusammenhängende Landnutzungsstrategien angestellt werden. So ergaben TA an Artefakten der mittelpaläolithischen Steininventare der Fundhorizonte II/7e, II/8, III/1 und III/2 von Kabazi II (Krim-Halbinsel), dass die

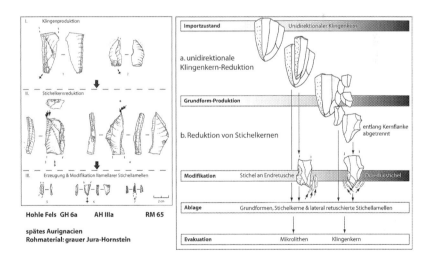

Abb. 3.6 Beispiel einer Rohmaterialeinheit des Aurignacien-Inventars AH IIIa der Hohle Fels-Höhle auf der Schwäbischen Alb (Deutschland). Wenige charakteristische Artefakte (links) können eine spezifische Herstellungskette auf Werkstückbasis belegen (rechts). Grafik und Artefakt-Zeichnungen: Guido Bataille, auf der Basis von Bataille und Conard (2018b: Appendix, Plate 5)

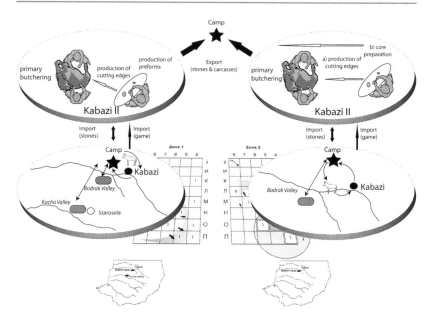

Abb. 3.7 Rekonstruiertes Landnutzungssystem am Beispiel der mittelpaläolithischen Fundhorizonte III/1 und III/2 von Kabazi II (Krim-Halbinsel). Die unterschiedlichen Varianten des Landnutzungssystems fußen auf Rohmaterialsortierungen und deren räumlicher Korrelation mit unterschiedlichen Aktivitätszonen am Fundplatz sowie der Bestimmung des Anteils lithischen Materials verschiedener Rohmaterialquellen an den einzelnen Werkstücken. Grafik aus: Bataille (2012: Fig. 8)

einzelnen Rohmaterialeinheiten sich in unterschiedlichen Zonen der Grabungsfläche konzentrierten, welche mit den Resten von Jagdbeutezerlegungen unterschiedlicher Tierarten in verschiedenen Aktivitätszonen vergesellschaftet waren. Rohmaterial unterschiedlicher Lagerstätten konnte mit diesen Aktivitätszonen korreliert werden (Bataille 2006, 2010, 2012: Abb. 5 und 8) (Abb. 3.7).

3.5   Anwendungsmöglichkeiten und Kritik

Die TA bietet die Möglichkeit, lithische Inventare in funktionale Einheiten zu unterteilen. Davon ausgehend können Aussagen über angewandte technologische Strategien, Einzelereignisse im Rahmen von Mehrfachbelegungen und sich überlagernden Aktivitätszonen sowie taphonomische Einflüsse auf archäologische

Horizonte angestellt werden. Dieser methodische Ansatz bietet somit vielgestaltige Möglichkeiten der Untersuchung von Steininventaren. Weißmüller geht in diesem Zusammenhang von der Grundannahme aus, dass im Fall einer ausgeprägten Heterogenität im Rohmaterialspektrum Artefakte zu Rohmaterialeinheiten mit Werkstückcharakter, also zu ursprünglichen Rohstücken, zugeordnet werden können. Ob dies tatsächlich der Fall ist, lässt sich letztlich nur anhand von Zusammensetzungen zweifelsfrei überprüfen. Da jedoch eine lückenlose Zusammensetzung von Artefakten einer Auswertungseinheit aufgrund fehlender Zwischenstücke illusorisch ist, dienen Zusammensetzungssequenzen innerhalb von Rohmaterialeinheiten dazu, angestellte Sortiereinheiten zu validieren. Darüber hinaus können andere Methoden helfen, Aufschluss über die Qualität der Werkstücksortierung zu geben. So können mittels hochauflösender mikroskopischer Untersuchungen etwaige Unsicherheiten der Rohmaterialzuweisung minimiert werden. Die Auseinandersetzung mit der Variabilität und Herkunft genutzten Rohmaterials sowie das Studium regionaler Rohmaterialquellen sind essenzielle Bestandteile der Transformationsanalyse. Hierbei kann unter Umständen auf bereits bestehende regionale Studien zu Rohmaterialvorkommen, -nutzung und –austausch zurückgegriffen werden (z. B. Floss 1994; Burkert 1999; Çep et al. 2011). Generell sollte die TA zur angemessenen Beschreibung technologischer Transformationsprozesse stets mit einer umfassenden techno-typologischen Merkmalsanalyse kombiniert werden. Außerdem sollte, um den Interpretationsspielraum von Rohmaterialsortierungen zu minimieren, gewissenhaft zwischen eindeutigen Werkstücken auf Rohstückbasis und gemeinsamen Varianten eines Aufschlusses differenziert werden.

Der *Chaîne opératoire*-Ansatz

4

4.1 Einleitung

▶ **Steintechnologie** bezieht sich auf alle Aktivitäten prähistorischer Menschen, die mit der Herstellung, der Umgestaltung und dem Gebrauch von Objekten aus Stein zusammenhängen (Inizan et al. 1999).

Der *Chaîne opératoire*-Ansatz ist eine **technologische** Analysemethode, bei der jedes einzelne lithische Objekt eines Inventars mit seinen kombinierten Merkmalen und damit das Inventar in seiner Gesamtheit herangezogen wird. Ziel ist es, die logische Abfolge der verschiedenen Stufen der **Operationskette** *(chaîne opératoire)* von Rohmaterialbeschaffung über Grundformproduktion, Werkzeugherstellung und Recycling bis hin zum Verwerfen nachzuvollziehen (siehe Leroi-Gourhan 1964; Boëda et al. 1990; Geneste 1991; Inizan et al. 1999; Soressi und Geneste 2011). Dieser **ganzheitliche** Ansatz ermöglicht einerseits die **zeitliche Abfolge** der verschiedenen involvierten Herstellungs-, Transformations- und Verwendungsschritte zu rekonstruieren (Geneste 1991). Zum anderen ist es möglich, die **räumliche Organisation** des technologischen Prozesses zu verstehen (Geneste 1985). Durch die einzelnen Artefakte bzw. ihre technischen Stigmata (d. h. Art und Lage von Negativen, Abrasionsspuren oder Auftreffpunkt) kann auf die Operationskette geschlossen werden. Die An- oder Abwesenheit der Nebenprodukte einer technologischen Phase, also einer konkreten Stufe innerhalb eines spezifischen Abbaukonzepts, erlaubt Rückschlüsse über den Umgang mit Rohmaterialien und/oder Zielprodukten innerhalb eines Territoriums (Perlès 1989).

Die Vorgehensweise ist deskriptiv und beruht auf dem grundlegenden Prinzip, dass die **Bruchmechanik** von muschelig brechenden Gesteinen drei Voraussetzungen, nämlich den mechanischen Eigenschaften des Gesteins, der geometrischen Form des Volumens und dem Krafteinsatz, unterliegt (Kerkhof und Müller-Beck 1969; Dibble und Whittaker 1981; Rezek et al. 2011; Porraz et al. 2016). Sobald der/die SteinschlägerIn diese bruchmechanischen Einschränkungen gelernt hat, werden diese zur festen Regel, deren Befolgung die Kontrolle und Vorhersehbarkeit des Bruchs ermöglicht. Jedes Steinartefakt stellt im Kontext betrachtet das Produkt eines bestimmten **technologischen Systems** bzw., präziser formuliert, dessen lithischen Teilsystems dar. Dieses Teilsystem interagiert innerhalb des übergeordneten technologischen Systems der Gruppe, welcher sein Hersteller mit Absichten und Wissen angehört, mit anderen Teilsystemen, wie jenem der Knochenartefakte oder der Holzartefakte (Inizan et al. 1999). Die Zielsetzung ist, die verschiedenen Stufen zu beschreiben, die zu dem Inventar führten, um so die Zusammenhänge zwischen den einzelnen Produktionsschritten sowie für den Herstellungsprozess spezifische Charakteristika zu erfassen. So ist es möglich, in weiterer Folge deren Bedeutungen im kulturellen Gesamtkontext zu verstehen (Porraz et al. 2016).

Aus allgemeiner Sicht geht der *Chaîne opératoire*-Ansatz davon aus, dass Steinartefaktherstellung zuerst als **kognitives Projekt** entsteht, welches dann

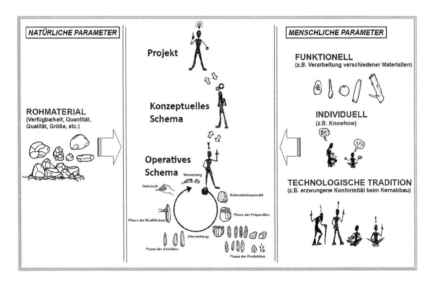

Abb. 4.1 Theoretischer Rahmen des *Chaîne opératoire*-Ansatzes mit Veranschaulichung der Beziehung zwischen kognitivem Projekt, konzeptuellem Schema und operativem Schema (Grafik: Viola C. Schmid, erstellt auf Basis von Soressi und Geneste 2011: Abb. 3 & Porraz et al. 2016: Abb. 5; Zeichnungen von Heike Würschem)

auf einer intellektuellen Ebene in ein **konzeptuelles Schema** übertragen wird, das schlussendlich durch eine Reihe von Handlungsereignissen (Operationen), **operative Schema,** konkretisiert wird (Abb. 4.1) (Pigeot 1991; Inizan et al. 1999; Soressi und Geneste 2011). Alle drei Schritte sind voneinander abhängig und können von zahlreichen, teilweise interagierenden, **natürlichen** (wie z. B. Rohmaterialverfügbarkeit, -qualität und -größe) sowie **menschlichen Parametern** (wie z. B. funktionalen Notwendigkeiten, individuellem Knowhow und technologischen Traditionen) beeinflusst werden (Boëda et al. 1990; Pigeot 1991; Inizan et al. 1999; Soressi und Geneste 2011; Porraz et al. 2016). Gemäß dem theoretischen Hintergrund erlauben die beobachtbaren konstant und regelhaft auftretenden Elemente des operativen Schemas, also konkreter Reduktionsschemata (vgl. Kap. 3), die Bestimmung des zugrundeliegenden Konzepts, welches das operative Schema antreibt. Infolgedessen ermöglichen die gefolgerten Ziele des konzeptuellen Schemas die Festlegung des ursprünglichen kognitiven Projektes. Daher kann eine Beständigkeit oder oftmalige Wiederholung eines oder mehrerer Muster als intentionell interpretiert werden (Soressi und Geneste 2011).

4.2 Forschungsgeschichte

Das Konzept der Technologie als **Wissenschaft der menschlichen Aktivitäten** wurde in Frankreich von A. Leroi-Gourhan vorgeschlagen (Leroi-Gourhan 1943), und später von dem Wissenschaftshistoriker A.-G. Haudricourt popularisiert (Haudricourt 1964, 1987). Beide waren Schüler des französischen Soziologen M. Mauss, der schon früher die Vorteile des Verständnisses einer spezifischen Gesellschaft durch ihre Techniken erkannt hatte (Mauss 1947). Der Begriff *chaîne opératoire* wurde erstmals von Leroi-Gourhan (1964, S. 164) verwendet, der ihn nicht formalisierte, sondern durch seine Publikationen, seine Lehrtätigkeit an der Universität Sorbonne (später Paris I) und die Leitung des Forschungsteams ‚*Ethnologie préhistorique*' den Weg für seine zukünftige Verwendung in der Ethnologie und vor allem der Archäologie ebnete (Audouze und Karlin 2017).

Von Ende der 1970er bis Anfang der 1990er Jahre verteidigten J. Tixier (Abteilung ‚*Préhistoire et Technologie*' des CNRS in Paris), M.-L. Inizan, H. Roche und ihre Kolleginnen und Kollegen einen neuen Ansatz für prähistorische Gesellschaften durch das Studium von Steinartefakten, den sie als einen technologischen Ansatz qualifizierten. Sie gingen dabei über den bis dato üblichen typologischen Ansatz, der eine Klassifizierung ermöglicht, hinaus und drangen

so zu einem tieferen Verständnis der **sozialen Bedeutung** der in der Vergangenheit verwendeten technologischen Konzepte und ihrer jeweiligen Umsetzungs-
weise (Technik) vor (Tixier et al. 1980; Tixier 2012). Dieser Ansatz verlagerte
den Schwerpunkt der Untersuchung der prähistorischen Menschen durch ihre
Steinwerkzeuge auf die Untersuchung der **prähistorischen Gesellschaften** durch
ihre **Kulturtechniken,** welche nicht nur als soziales Produkt, sondern auch als
Gründungselement der Gesellschaft verstanden werden (Schlanger 1991). Folg-
lich ermöglicht das Studium der lithischen Technologie einen Einblick in vergangene Gemeinschaften, in welchen in unterschiedlichen Kontexten die
Technologie entstanden ist.

Im Laufe der Zeit führten Tixier und seine Kolleginnen und Kollegen die
Konzepte des technologischen Systems sowie unterschiedlicher Produktions-
prozesse und die Art und Weise der technischen Umsetzung in die Archäologie ein (Soressi und Geneste 2011). Diese Grundsätze waren zuvor von
französischen Ethnographen, die sich mit materieller Kultur beschäftigten,
formuliert worden (vgl. Balfet 1975; Cresswell 1983). Es sei an dieser Stelle
erwähnt, dass die französischen Forscher in Ethnologie und Prähistorie damals
viel näher zusammenarbeiteten als heutzutage. Ende der 1960er und während
der 1970er Jahre fanden Workshops der Pariser Ethnologen zur Technologie
statt, an welchen mehrere Prähistoriker teilnahmen. Der Ethnologe R. Cresswell
gründete 1973 die Forschungsgruppe ‚*Techniques et Culture*‘ und 1976 das entsprechende Bulletin, das von Prähistorikern viel gelesen wurde (Audouze et al.
2017). In der Archäologie wurde diskutiert, wie diese technologischen Konzepte
für die Beschreibung und Interpretation der Variabilität, welche in den paläolithischen Industrien beobachtet wurde, in kulturellen Belangen nützlich sein
könnten. Erst in den 1990er Jahren machten die Archäologinnen und Archäologen
um Tixier ihren Ansatz explizit; dies wird an den Änderungen zwischen den
beiden Hauptversionen ihres Lehrbuchs ‚*Préhistoire de la Pierre Taillée*‘ deutlich
(1995; Inizan et al. 1992; Tixier et al. 1980) sowie in Arbeiten ihrer SchülerInnen
und Kolleginnen und Kollegen deutlich (siehe z. B. Boëda 1986; Geneste 1985;
Pelegrin 1995; Perlès 1989). Die 1995er Version ihres Lehrbuchs (Inizan et al.
1995, 1999: 13 für die englische Übersetzung) beginnt mit einem Zitat von
Haudricourt, welches den französischen technologischen Ansatz begründet:
„Während derselbe Gegenstand von verschiedenen Standpunkten aus untersucht
werden kann, ist derjenige, der in der Definition der Gesetze der Herstellung und
der Transformation eines Gegenstandes besteht, unbestreitbar der wesentlichste
aller Standpunkte (Haudricourt 1964 in Haudricourt 1987, S. 38).“ Mit dieser
Einführung hoben Tixier und seine Kolleginnen und Kollegen einen Ansatz klar
hervor, den der *Chaîne opératoire* (Soressi und Geneste 2011).

4.3   Vorgehensweise (Methodik)

Technik, Methode & Konzept

- Die **Technik** bezieht sich auf die physikalischen Mittel der übertragenen Energie, die mit dem Ablösen der Grundformen assoziiert sind. Dies umfasst z. B. das Schlagen mit oder ohne Amboss, die Form und das Rohmaterial des/der verwendeten Werkzeuge/s, die Art und Weise, wie das zu bearbeitende Stück gehalten wird, und andere Aspekte der Körperhaltung (Tixier 1967).
- Die **Methode** verweist auf die intellektuellen Schritte, welche während des Abbauprozesses befolgt und durch die Organisation der Negative an den Kernen und Grundformen materialisiert werden (Tixier 1967).
- Das **Konzept** beschreibt hierbei den übergeordneten theoretischen Entwurf, an welchem sich die Abbaumethoden orientieren. So kann das Konzept (z. B. Levallois-Konzept) während der gesamten Operationskette aufrecht erhalten bleiben, während sich die Methode (z. B. von Levallois mit einem Zielabschlag *(méthode Levallois à éclat préférentiel)* zu Levallois mit zentripetalen Zielabschlägen *(méthode Levallois récurrent centripète))* ändert (Boëda 1986).

Das hier beschriebene Studienprotokoll lehnt sich an jenes von Soressi (2002) und Soressi und Geneste (2011) an. Es sollte jedoch je nach Notwendigkeit an das spezifische Inventar angepasst werden. Als notwendige Instrumente sind Lampen, Waagen, Messschieber, Winkelmesser, Lupen und Stereomikroskop mit geringer Vergrößerung *(low power;* vgl. Kap. 7) zu empfehlen.

Bei einer technologischen Studie besteht prinzipiell der erste Schritt darin, die **Artefakte nach Rohmaterialien zu separieren** (vgl. Kap. 3). Dies geschieht anhand von Kriterien, die den Vorgang des Steinschlagens beeinflusst haben könnten, wie z. B. die petrographische Beschaffenheit und der Zustand der Kortex. Diese Aspekte weisen auf die geologische Formation, aus dem das Rohmaterial gewonnen wurde, und den Kontext des Aufschlusses (primär, sekundär etc.) hin. Zusätzlich ist es vorteilhaft, die Steinartefakte innerhalb der gebildeten Rohmaterialeinheiten nach technologischen Kategorien (Kerne, Abschläge etc.) zu gruppieren.

Der zweite Schritt zielt darauf ab, ein gründliches **Verständnis der angewandten Methoden** und ihrer konkreten Umsetzung, der Herstellungstechnik, zu erlangen, die von den SteinschlägerInnen verwendet wurden. Eine genaue Bestimmung der Technik für jedes Stück ist schwierig, deshalb sollte versucht werden anhand gewisser Schlagmerkmale (z. B. Lippe, Schlagnarbe, Hertzscher Kegel, Auftreffpunkt, Art sowie Form des Schlagflächenrests, Schlagflächenrest-Dicke, dorsale Reduktion und Abbauwinkel) allgemeine Tendenzen zu ermitteln. Die Untersuchung der Abbaumethoden ist von größter Wichtigkeit und hier sollte die Organisation der Negative an jedem Artefakt in Betracht gezogen werden, um kurze Abbausequenzen nachverfolgen zu können. Hierfür werden gewisse Merkmale an den Oberflächen der lithischen Objekte berücksichtigt, welche eine Bestimmung der Chronologie sowie Richtung der Negative zueinander erlauben (vgl. Kap. 5). Indem diese Abfolgen in eine sequenzielle Reihenfolge gebracht werden, kann/können die globale(n) Methode(n) rekonstruiert werden, die dem Inventar zugrunde liegen. Hilfreich ist dafür außerdem die Fertigung von diakritischen Schemata *(schémas diacritiques)* bzw. Reduktionsschemata (vgl. Kap. 3 und 5), auf deren Grundlage eine schematische Darstellung der Operationskette erstellt werden kann, welche die gesamte Abfolge der Abbau- und Herstellungsphasen veranschaulicht. Einige der Steinartefakte gehören technologischen Kategorien, wie z. B. eine primäre Kernkantenklinge, eine Kernscheibe oder ein Levalloisabschlag (für Definitionen zu den Begriffen siehe Hahn 1991; Inizan et al. 1999), an und sind hierbei informativer als andere, da sie aus einer spezifischen Stufe innerhalb des Abbauprozesses stammen. Darüber hinaus sind einige dieser Stufen so wesentlich für den Arbeitsablauf, dass ihr Vorhandensein oder Nichtvorhandensein immer von Bedeutung ist.

Das Ziel des dritten Schrittes ist das Hervorheben der **morphologischen Eigenschaften der Produkte der Operationskette.** Diese werden durch die angewandten Techniken und Methoden bedingt. Ein „mentales Zusammensetzen" *(remontage mental)* sollte alle Beobachtungen leiten (Pelegrin 1995). Außerdem kann das am Ende vorgeschlagene Modell durch physische Zusammensetzungen und Experimente getestet und gestützt werden (Tixier 1980; Geneste 1991).

Im letzten Schritt wird festgestellt, ob **jede Stufe der Operationskette für jede identifizierte Rohmaterialeinheit** im Inventar präsent ist.

Die Beobachtungen, Attribute und Attributkombinationen, die während der Klassifizierungsphasen als relevant beurteilt werden, sollten anschließend in einer Datenbank erfasst und quantifiziert werden, um die Anwendung beschreibender und vergleichender statistischer Tests zu ermöglichen. Die Definition der Attribute basiert auf hypothetisch-deduktiver Argumentation und

TMB III - bifaziell formüberarbeitete Steinartefakte

Unit: Höhe (z): ID: Abtrag: Quadrat:

Technologie

Rohmaterial: ☐ Sandstein ☐ Silexit ☐ _____ Länge: Ausgangsform:
Erhaltung: Breite: Profil: Sinistrolateral: Dextrolateral:
Patina: Dicke: Form:
Thermische Veränderung: Gewicht: Querschnitt:
Unmodizierte Oberfläche:____%/Art:____ Lage der unmodizierten Oberfläche:

Generelle techno-funktionale Informationen

Bilaterale Symmetrie: Bruchart (distal): Politur:
Hierarchie: Rücken: Nachschärfung:
Verwerfungsstadium: Technik(en): Recycling:

Werkzeug

Aktiver		**Rezeptiver**		**Passiver**	
Teil (Arbeitskante):		**Teil (Zwischenstück):**		**Teil (Basis):**	
Eindringwinkel	Spitzenwinkel:	Querschnitt:	Länge:	Querschnitt:	Länge:
der Spitze (TPA):	Länge:		Breite:	Typ:	Max. Breite:
Umriss:	Max. Breite:			Form:	Max. Dicke:
Querschnitt:	Max. Dicke:	*Retuschenart:*		Kanten-	Umriss:
Kanten-	Schnitt:	Sinistrolateral:	Dextrolateral:	beschädigung:	
beschädigung:				*Retuschenart:*	
Retuschenart:		Kantenform:	Kantenform:	Sinistrolateral:	Dextrolateral:
Sinistrolateral:	Dextrolateral:	Kantenwinkel:	Kantenwinkel:		
		Schnitt:	Schnitt:	Kantenwinkel:	Kantenwinkel:
Kantenform:	Kantenform:			Schnitt:	Schnitt:

Foto

Zeichnung

Anmerkungen

*genommene Messungen (auch von Winkeln) auf dem Foto kennzeichnen.

Abb. 4.2 Aufnahmeformular mit Attributen speziell zusammengestellt für die technologische und techno-funktionale Analyse der bifaziell formüberarbeiteten Steinartefakte aus der MSA-Fundstelle Toumboura III (Senegal). Grafik: Viola C. Schmid

findet *a posteriori* statt, was einer der wichtigsten praktischen Unterschiede zwischen dem *Chaîne opératoire*-Ansatz und anderen technologischen Ansätzen ist. Somit können einige in der Literatur bereits existierende Attribute, die zum Teil in Kap. 2 vorgeschlagen werden, und/oder weitere Merkmale, die als erheblich für die Beantwortung bestimmter technologischer, techno-funktionaler oder techno-ökonomischer Aspekte erscheinen, herangezogen werden (siehe Abb. 4.2).

4.4 Anwendungsbeispiele

Nachdem das Studienprotokoll unter Einbeziehung aller Grundformen, Kerne und Werkzeuge erfolgreich umgesetzt wurde, gilt es die Analyse- und Interpretationsergebnisse schriftlich festzuhalten und bildhaft zu machen. Die beiden Anwendungsbeispiele aus dem südafrikanischen Middle Stone Age (MSA) zum *Chaîne opératoire*-Ansatz sollen einerseits die Rekonstruktion der chronologischen Abfolge der technologischen Stufen und andererseits der räumlichen Organisation der Operationskette verdeutlichen.

Die Untersuchung der lower MSA-Schichten von Elands Bay Cave zeigte, dass die prähistorischen BewohnerInnen fast ausschließlich Platten aus Quarzit

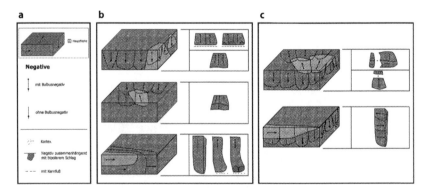

Abb. 4.3 Schematische Darstellung der Operationskette in den lower MSA-Schichten von Elands Bay Cave (Western Cape Province, Südafrika): **a** Die drei Symmetrieebenen einer Platte (1: Planare Ebene; 2: Orthogonale Ebene; 3: Lineare Ebene) sowie die Legende; **b** Schema der unabhängigen orthogonalen (oben), planaren (mittig) und linearen (unten) Plattenabbaustrategien; **c** Schema der orthogonalen und planaren (oben) sowie orthogonalen und linearen (unten) kombinierten Plattenabbaustrategien. Grafik: Viola C. Schmid

ohne Vorpräparation als Kerne zur Herstellung von hauptsächlich Abschlägen nutzten. Nur wenige dieser Grundformen wurden weiter modifiziert. Die Abschläge zeigen verschiedene morphometrische Charakteristika, welche auf die Ausnutzung der Platten in verschiedenen Symmetrieebenen hinweist. Die rekonstruierte Operationskette ist in Abb. 4.3 zusammenfassend dargestellt.

Im Inventar der C-A-Schichten der Sibudu-Höhle zeichnete sich ein differenziertes ökonomisches Management verschiedener Rohmaterialeinheiten durch die prähistorischen Gruppen ab (Abb. 4.4). Bei Dolerit, dem am häufigsten vorkommenden Rohmaterial, und Hornfels spielten sich alle technologischen Schritte der Operationskette von Entrindung, Grundformproduktion, Werkzeug-herstellung, Nachschärfung bis hin zum Verwerfen vor Ort ab und nur wenige Stücke wurden exportiert. Auf den direkt am Fundplatz vorliegenden Sandstein griffen die SteinschlägerInnen gelegentlich zurück. Die lithischen Hinterlassen-schaften belegen, dass ausschließlich eine Nutzung am Fundplatz stattfand. Quarzit und Quarz hingegen wurden in der Höhle verarbeitet, aber die Werkzeuge

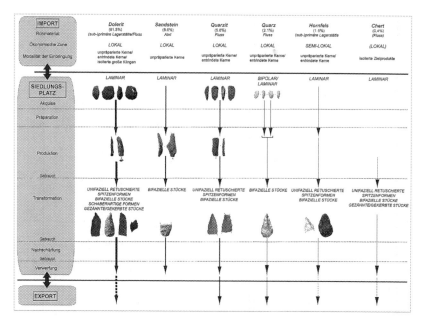

Abb. 4.4 Dynamisches Modell der techno-ökonomischen Prozesse der verschiedenen Rohmaterialien im Inventar der C-A-Schichten der Sibudu-Höhle (KwaZulu-Natal, Süd-afrika) (Grafik: Viola C. Schmid, auf der Basis von Porraz 2005: Abb. 60)

wurden zum Teil zur Verwendung andernorts abtransportiert. Isolierte Ziel-produkte und Werkzeuge aus feinkörnigen Silikatgesteinen *(Chert)* wurden ein-gebracht und zum Teil nachgeschärft oder verworfen.

4.5   Stärken und Schwächen

Der *Chaîne opératoire*-Ansatz ist prädestiniert für eine **gezielte, sach-dienliche Beantwortung** von Fragestellungen zum technologischen Wissen und technischen Fertigkeiten vergangener Gesellschaften oder zum sozio-ökonomischen und kulturellen Kontext von Schlagaktivitäten eines spezi-fischen Steinartefaktinventars. Die dynamische Vorgehensweise sieht vor, als relevant eingestufte Attribute nach der ersten Begutachtung der Steinartefakte *a posteriori* festzulegen, aufzunehmen und zu quantifizieren. Dies hat den ent-scheidenden Vorteil, dass mit dieser **präzisen Merkmalsauswahl** effizient und flexibel auf die aktuell vorliegende Operationskette eingegangen werden kann. Dadurch, dass allgemein nur Phänomene interpretiert werden können, welche auch nachvollziehbar sind, und beim *Chaîne opératoire*-Ansatz die Attribut-definition auf einem ersten Verständnis des Inventars beruht, hat diese techno-logische Analysemethode ebenso einen hohen Grad an Intersubjektivität wie andere Herangehensweisen, die *a priori* festgelegte Merkmale auswählen.

Allerdings muss bei diesem Ansatz mit einem höheren zeitlichen Aufwand gerechnet werden, da es gilt, sich mit dem lithische Material vertraut zu machen und die Charakteristika bestmöglich zu fassen. Außerdem sollte ausreichend Arbeitsraum zur Verfügung stehen, um die Steinartefakte für die erste Über-sicht auslegen zu können. Letztlich erlauben nur Inventare mit ausreichenden Stückzahlen, die verschiedenen operativen Schemata akkurat zu erkennen und zu dokumentieren. Abschließend sei angemerkt, dass vor allem auch historisch bedingt der *Chaîne opératoire*-Ansatz vom subjektiven Erfahrungs-schatz und Expertenwissen geprägt ist und daher die Vergleichbarkeit zwischen Bearbeitenden nicht uneingeschränkt gegeben ist.

Die Arbeitsschrittanalyse 5

5.1 Einleitung

In der urgeschichtlichen Archäologie haben wir sehr selten die Chance das Handeln von Individuen zu fassen. Sieht man einmal von menschlichen Skelettresten ab, sind die damals lebenden Menschen ausschließlich über ihre an den jeweiligen Fundplätzen zurückgelassenen Gegenstände des täglichen Bedarfs sichtbar. Auch die Verteilung von Artefakten im Raum oder sogenannte Befunde, wie zum Beispiel Feuerstellen, können Aufschluss über Handlungen von Menschen vor Ort geben. Allerdings spiegeln sich in diesen Funden und Befunden bestenfalls Gruppen von Menschen und keine einzeln identifizierbaren Menschen wider. Mithilfe der im Anschluss vorgestellten Methode kann das Handeln einzelner Personen unmittelbar nachvollzogen werden. Die Methode trägt in der deutschsprachigen Forschung den Namen **Arbeitsschrittanalyse.** Es handelt sich hierbei um eine vergleichsweise junge analytische Vorgehensweise. Grundlegend ist die Annahme, dass das zu untersuchende Artefakt, sei es ein Kern zur Herstellung von Abschlägen oder ein Faustkeil, das Resultat einer Reihe verschiedener Arbeitsschritte ist (Abb. 5.1). Diese Arbeitsschritte und die dahinterstehenden Bearbeitungsstrategien haben sich auf den Oberflächen der Steinartefakte in Form von Negativen erhalten. Ziel der Methode ist es, diese aus den Negativen ableitbaren Arbeitsschritte einerseits in eine **chronologische Reihenfolge** zu bringen und andererseits die Funktion der einzelnen Arbeitsschritte zu bestimmen. So ergibt sich am Ende der **Gestaltungsprozess,** der bestenfalls die individuelle Handschrift der HerstellerIn erkennen lässt.

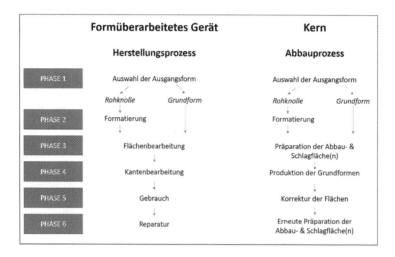

Abb. 5.1 Phasen des Herstellungsprozesses formüberarbeiteter Geräte (z. B. Faustkeil) und des Abbauprozesses eines Kerns zur Herstellung von Grundformen (z. B. Abschläge). Grafik: Yvonne Tafelmaier

5.2 Forschungsgeschichte

Die wissenschaftlichen Wurzeln der hier vorgestellten Methode finden sich in der französischsprachigen Forschung, hier vor allem in dem sogenannten *schéma diacritique* (Dauvois 1976). Um Aufschluss über die Genese eines Artefaktes zu erhalten, hat man Zeichenkonventionen eingeführt, um die unterschiedlichen technologischen Schritte im Herstellungsprozess eines Werkzeuges zu codieren. Arbeitsschritte unterschiedlicher Funktion werden mit spezifischen Symbolen markiert, so dass anhand der Zeichnung Informationen über den Herstellungsprozess aus der Abbildung entnommen werden können. Später wurde diese Art der Darstellung beispielsweise aufgegriffen von E. Boëda (*lecture des schémas diacritiques* 1986, 1988), J.-M. Geneste (1985) und L. Bourguignon (1992) und darüber hinaus oftmals verknüpft mit der auch in dieser Zeit für die Steintechnologie entdeckten Rekonstruktion sogenannter Operationsketten, *chaîne(s) opératoire(s)* genannt (vgl. Kap. 4).

In Deutschland wurde die Arbeitsschrittanalyse von J. Richter und A. Pastoors während der Arbeiten am Material der Sesselfelsgrotte, einem der wichtigsten mittelpaläolithischen Fundplätze Mitteleuropas, formalisiert. J. Richter hat sie in ihren Grundzügen im Rahmen seiner Habilitationsschrift über die oberen mittelpaläolithischen Horizonte jener Fundstelle, den G-Schichten Komplex, beschrieben (1997). Allerdings fehlt die Anwendung dieser Methode in der Publikation. Eine ausführliche Beschreibung findet sich in einem in französischer Sprache publizierten Artikel (Pastoors und Schäfer 1999). Ihre erste ausführliche Anwendung fand sie schließlich in der Dissertation von A. Pastoors, die sich mit dem mittelpaläolithischen Steinartefaktinventar von Salzgitter-Lebenstedt in Niedersachsen beschäftigte (Pastoors 2001). Herstellungsprozesse von Kernen sowie bifaziell formüberarbeiteten Artefakten (z. B. Faustkeilen, blattförmigen Schabern) wurden mittels der hier vorgestellten Methode rekonstruiert. Auch O. Jöris (2001) hat als einer der Ersten mittels einem ähnlichen Vorgehen Herstellungsweisen von Keilmessern beschrieben. Eine Zusammenfassung in deutscher Sprache findet sich in J. Richters (2018) kürzlich erschienenem Werk „Altsteinzeit". In englischer Sprache werden die Grundzüge der Methode in Artikeln von Pastoors (2000a), Kurbjuhn (2005), Pastoors et al. (2015) und Bataille (2016, 2018) sowie von Pastoors und Schäfer (1999) sowie Richter (2001) in französischer Sprache dargelegt.

In der englischsprachigen Forschung ist vor allem die Arbeit von Hassan (1988) zu erwähnen. Er unternahm den Versuch, Steinartefakte als Endprodukte eines kognitiven Prozesses zu verstehen und verfolgte einen theoretischen Ansatz ganz im Sinne und unter Verwendung von Begrifflichkeiten der *Generative Grammar* N. Chomskys (1965). So untersuchte er spätpaläolithische Artefakte verschiedener Fundstellen des Niltals und konnte Gemeinsamkeiten in **Kompetenz** und **Ausführung** *(competence & performance)* sowie Unterschiede in der Ausführung *(performance)* im Produktionsprozess herausstellen.

5.3 Funktionsweise der Methode

▶ Der Arbeitsablauf umfasst die folgenden Schritte: Erstellen einer technischen Zeichnung oder eines aussagekräftigen Fotos, Bestimmen und Benennen der Arbeitsschritte (Codierung) anhand der Negativflächen auf den Artefakten, Erfassen der zeitlichen Bezüge benachbarter Arbeitsschritte und Bestimmung deren Funktion. Die anschließende Anfertigung einer Harris-Matrix dient der chrono-logischen Rekonstruktion des Herstellungsprozesses. Diese Arbeits-schritte werden im Folgenden näher erläutert.

5.3.1 Welche Artefakte eignen sich besonders gut?

Grundsätzlich kann die Methode an allen Steinartefakten, auf deren Oberflächen sich mehrere Negative des Herstellungsprozesses erhalten haben, durchgeführt werden. Ein einziges Artefakt bildet dabei eine analytische Einheit. Besonders geeignet sind Objekte, die einen komplexen Produktionshergang durchlaufen haben. Dies gilt einerseits für formüberarbeitete Artefakte wie beispielsweise Faustkeile, Blattspitzen oder Keilmesser. Aber auch Kerne, die zur Herstellung von Grundformen dienen, sind mit ihren oftmals zahlreich überarbeiteten Flächen adäquate Studienobjekte. So kann die Arbeitsschrittanalyse an jenen Stücken einerseits Informationen zu zugrundeliegenden technologischen Konzepten und deren Umsetzung liefern. Gleichzeitig kann sichtbar gemacht werden, in welchen Fällen eine technologische Umsetzung misslang und eine Korrektur im Arbeitsablauf vorgenommen werden musste.

Hintergrundinformation
Unter **formüberarbeiteten Artefakten** verstehen wir Steingeräte, die in ihrem **Umriss** und **Querschnitt** durch auf die Fläche gehende Abhübe ausgeformt wurden (Richter 1997, S. 185). Dazu gehören beispielsweise Faustkeile oder Blattspitzen. In herkömmlicher Terminologie bezeichnet man diese Artefakte als Kerngeräte, in der Annahme, dass als Ausgangsstück unbearbeitete Rohknollen oder natürliche Trümmerstücke genutzt wurden. Allerdings kommt es häufig vor, dass größere Abschläge oder in spezifischen Fällen Klingen als Trägerstücke dienten. Darüber hinaus lässt der ebenfalls häufig benutzte Terminus bifazielle Werkzeuge außer Acht, dass auch einseitig flächig (unifaziell) überarbeitete Artefakte existieren. Daher hat sich zumindest bei einem Teil der Kolleginnen und Kollegen die etwas weiter gefasste Bezeichnung Formüberarbeitung in Anlehnung an den französischen Begriff *façonnage* („flächige Überarbeitung") durchgesetzt (Richter 1997; Pastoors 2001; Uthmeier 2004c; Böhner 2008; Tafelmaier 2011; Bataille 2017).

Definition eines Arbeitsschrittes
Im Zuge des Entstehungsprozesses eines Artefaktes werden bestimmte Phasen immer wieder durchlaufen (Abb. 5.1). Das Ziel der Methode ist es, so viele Negative wie möglich zu einem Arbeitsschritt zusammenzufassen und die verschiedenen Stufen des Prozesses in annähernd richtiger Weise wiederzugeben. Negative repräsentieren dann einen **Arbeitsschritt,** wenn sie auf einen **gemeinsamen Reduktionsschritt** zurückgeführt werden können und somit dieselbe Funktion haben und von derselben Kante in gleicher Richtung und Technik ausgeführt wurden. Außerdem muss eine direkte zeitliche Abfolge erkennbarer Negative vorliegen. Reste von Kortex und natürliche Kluftflächen werden ebenso

wie Ventralflächenreste als Arbeitsschritte gewertet, die nicht intentionell angelegt sind, aber von der Auswahl der Grundform zeugen.

5.3.2 Die zeitliche Abfolge aneinandergrenzender Negative

Es gibt unterschiedliche Merkmale auf den Oberflächen, die entweder einzeln oder in ihrer Gänze Aussagen über die zeitliche Abfolge von Negativen und damit Arbeitsschritten zulassen (Abb. 5.2) (Richter 1997, S. 192; Pastoors et al. 2015, S. 67). Sie sind hier hinsichtlich ihres Nutzens in der Praxis und der Häufigkeit des Auftretens sortiert.

1. Das jüngere Negativ schneidet tiefer ins Rohmaterial ein und weist insbesondere an dem gemeinsamen Grat eine stärkere Konkavität als das ältere auf.
2. An dem gemeinsamen Grat zeigt das jüngere Negativ Strahlenrisse/Lanzettsprünge – die des älteren wurden beim Abtrennen des jüngeren überprägt.
3. Das jüngere Negativ zeigt im terminalen Bereich deutlich ausgeprägte Wallner-Linien.
4. Oftmals finden sich auf dem gemeinsamen Grat Aussplitterungen, welche die Lanzettsprünge des jüngeren Negativs begleiten.
5. Der Umriss des jüngeren Negativs folgt dem Relief des vorausgegangenen.

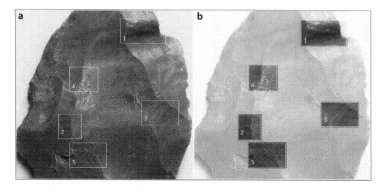

Abb. 5.2 Merkmale zur Definition der zeitlichen Abfolge aneinandergrenzender Negative. Grafik: Yvonne Tafelmaier, in Anlehnung an Pastoors et al. 2015

5.3.3 Codierung der Flächen

Hat man sich einen Überblick über die Oberflächengestalt und die Arbeitsschritte eines Artefaktes verschafft, folgt die Codierung der Flächen hinsichtlich Lage, Funktion und Zusammengehörigkeit. Es gibt unterschiedliche Möglichkeiten der Vergabe sogenannter „Adressen" (Richter 1997, S. 193). Standardisierte Vorgehensweisen wurden für formüberarbeitete Geräte (Richter 1997; Pastoors 2000a, b, 2001), Levallois-Kerne (Pastoors 2001) und Lamellenkerne mit mehreren Schlag- und Reduktionsflächen (Tafelmaier 2010; Bataille 2016) vorgeschlagen. Allerdings gibt es außer Artefakten dieser beiden Kategorien noch zahlreiche andere, morphologisch unterschiedliche Formen oder Anwendungsbeispiele (Frick et al. 2017). Dieser Vielfalt kann man mit einem Standardverfahren nicht gerecht werden. Daher sollen hier nur ein paar grundsätzliche Leitlinien dargelegt werden.

Egal ob Kielkratzer-Kern, diskoider Kern oder Blattspitze, bei allen Artefakten gilt, dass vor Vergabe der Adressen eine sinnvolle Orientierung des Objektes erfolgen muss (Abb. 5.3). Im Anschluss sollte in einer Skizze die Vergabe der Adressen für Kanten und Flächen festgehalten werden. Für formüberarbeitete Geräte bietet sich zunächst eine Unterteilung in Oberseite (O) und Unterseite (U) an. Bei trifaziellen Artefakten erhält die dritte Oberfläche ebenfalls eine Codierung (z. B. „R" für Rücken eines Keilmessers). Bei Kernen erhalten Abbau- und Schlagflächen eigene Benennungen. Manchmal fungieren Flächen sowohl als Abbau- als auch als Schlagflächen. Außerdem können Kerne auch Flächen

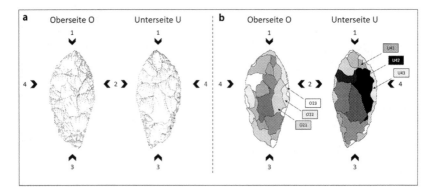

Abb. 5.3 Codierung und Vergabe von Adressen (**b**) der identifizierten Arbeitsschritte. Grafik: Yvonne Tafelmaier

aufweisen, die für den zu beschreibenden Abbauprozess keine Funktion haben. Wichtig ist jedoch, dass alle Arten von Flächen, die durch ihre Lage und/oder Funktion als einzelne Bereiche unterschieden werden können, auch als solche codiert werden. Auch hier wird eine Benennung durch Buchstaben empfohlen. Sind die Flächen mit Buchstaben versehen, erfolgt eine Codierung der Kanten (Bearbeitungsrichtung) mit arabischen Zahlen. Bei einem formüberarbeiteten Artefakt erhält die Spitze (Distalende) die Ziffer 1, die übrigen Kanten werden davon ausgehend im Uhrzeigersinn mit Ziffern versehen. Auf der Unterseite erfolgt die Nummerierung gegen den Uhrzeigersinn. Mehrere Arbeitsschritte, die an einer Kante auf derselben Fläche zu finden sind, werden dann mit fortlaufenden Nummern beziffert. Für die Codierung ist die chronologische Abfolge zunächst irrelevant und die fortlaufende Nummerierung erfolgt willkürlich. Demnach besteht eine Adresse aus mindestens 3 Teilen:
Beispiel: Adresse **O21** (vgl. Abb. 5.3)

1. **O** für die Fläche, **O**berseite
2. **2** für die Kante und damit auch Schlagrichtung
3. **1** für den Arbeitsschritt Nr. 1 auf dieser Fläche und von dieser Kante

Kluft-, Ventral oder Kortexflächen haben keinen Bezug zu einer Kante und werden daher mit der Ziffer 0 gekennzeichnet. Sie stellen zumeist die ältesten erkennbaren Flächen auf den Artefakten dar.

5.3.4 Klassifikation der Arbeitsschritte hinsichtlich Funktion

Arbeitsschritte sind Abfolgen von Negativen gleicher Funktion. Eine ganz entscheidende Grundlage der Methode ist es, so viele Negative wie möglich zu einem Arbeitsschritt zusammenzufassen. Bereits in Abb. 5.1 wurde die Sequenz verschiedener Arbeitsschritte im Herstellungs-, bzw. Abbauprozess von formüberarbeiteten Geräten bzw. Kernen dargelegt. Im Folgenden sollen einige grundsätzlich zu beobachtende Funktionen unterschiedlicher Negative erläutert werden. Für alle Kategorien gilt: Reste von Ventral- oder Kortexflächen zeugen von der Auswahl, bzw. Bereitstellung der Grundform. Ihnen wird keine durch die SteinschlägerIn intentionell konstruierte Funktion zugewiesen.

Bei formüberarbeiteten Geräten unterscheiden wir in **plane** und **konvexe Flächenbearbeitung** (Boëda 1994). Während bei ersterer die abgetrennten Abschläge oft in einem Angelbruch enden und plane Flächen produzieren, entstehen bei letzterer konvex aufgewölbte Oberflächen. Diese beiden Arten der Formüberarbeitung haben Jäger und Sammler des Pleistozäns verschiedentlich kombiniert. Boëda (1994) leitete daraus fünf verschiedene Konzepte ab: biplan, bikonvex, plan-konvex, plan-konvex–plan-konvex und konvex–plan-konvex. Die verschiedenen Konzepte sind außer durch die Querschnitte an den Artefakten durch eine unterschiedliche chronologische Abfolge der Arbeitsschritte erkennbar. So erfolgt bei plan-konvex konzipierten Werkzeugen zunächst eine flache Zurichtung der Unterseite und im Anschluss eine konvexe Überarbeitung der Oberseite, die die Unterseite als Schlagfläche nutzt. Bei bikonvexen Formen kann eine Zurichtung alternierend erfolgen, d. h. die Ober- und Unterseite werden abwechselnd als Schlagfläche genutzt.

Die letzte Phase in der Fertigung stellt die Kantenretusche dar. Dabei wird durch kleine kantennahe Retuschenegative eine Arbeitskante herausgearbeitet, die je nach Art der Modifikation unterschiedliche Funktionsmöglichkeiten bietet (Hahn 1991, S. 169 ff.). Oftmals zeigen Geräte außerdem kantennahe Aussplitterungen, die sich von intentionell angebrachten Modifikationen durch eine weniger regelmäßige Aneinanderreihung unterscheiden. Diese können durch Gebrauch oder aber durch Sedimentretuschen während der Einbettung und Lagerung im Sediment oder aber durch Kantenbeschädigungen während der Bergung der Artefakte oder Fundbearbeitung entstehen (Hahn 1991, S. 167). Auch diesen Arten von Modifikationen werden im Rekonstruktionsprozess erfasst.

Was die Analyse von Kernen angeht, ist die Beachtung der verschiedenen Phasen des Abbaus von großer Wichtigkeit. Was sämtliche Konzepte zur Herstellung von Grundformen eint, ist die Schaffung konvex aufgewölbter (Abbau-) Flächen, die eine zielgerichtete Gewinnung gewünschter Formen ermöglicht. In vielen Fällen sind die ersten Stufen des Abbaus, die Initialisierung von Rohknollen oder die grobe Zurichtung, nicht mehr erkennbar. Allerdings ist zumeist die Anlage und Präparation der Schlagflächen sowie die technologische Konzeption, sprich Präparation der Abbauflächen nachvollziehbar. Außerdem können auf verschiedene Weise die laterale und distale Konvexität für den Abbau der Zielprodukte geschaffen werden. Bei Kernen, die beispielsweise nicht nach definierten Konzepten, wie z. B. dem Levallois-Konzept oder dem Diskoid-Konzept abgebaut wurden, kann die Codierung aufgrund der fehlenden Standardisierung flexibler gehandhabt werden.

5.3.5 Die Rekonstruktion der zeitlichen Abfolge mithilfe einer Harris-Matrix

Sind die Arbeitsschritte codiert, die Funktion bestimmt und alle Informationen in einer Datenbank festgehalten, kann mit der Bestimmung der zeitlichen Abfolge begonnen werden. Das Ziel ist es, eine Harris-Matrix zu erstellen, die ähnlich den Schichtenfolgen einer archäologischen Grabung, die Arbeitsschritte in der chronologisch korrekten Reihenfolge abbildet (Abb. 5.4). Im bestmöglichen Fall findet sich auf jeder Rangposition ein Arbeitsschritt und die gesamte Handlungskette kann eindeutig rekonstruiert werden. Allerdings gelingt dies nur in den allerwenigsten Fällen, denn zumeist können nicht alle Arbeitsschritte hinsichtlich ihrer zeitlichen Bezüge zueinander in Verbindung gebracht werden.

Unter Zuhilfenahme der oben erläuterten Merkmale (Abb. 5.2) werden die zeitlichen Bezüge zwischen benachbarten Arbeitsschritten bestimmt. So gilt beispielsweise für den Arbeitsschritt O22 (Abb. 5.3): O22 ist jünger als O21, aber älter als O23. Alle feststellbaren Beziehungen werden in einer Tabelle erfasst. Folgende Spalten sollten dabei enthalten sein: „jünger als", „älter als", „gleichzeitig mit". Da gerade bei Artefakten, die lange genutzt und durch großflächige Überarbeitung gekennzeichnet und eine hohe Anzahl an Arbeitsschritten und viele zeitliche Bezüge zu verzeichnen sind, kann die Berechnung und Auswertung nur mithilfe einer Software erfolgen. Diese gibt es als Freeware oder als kostenpflichtige Programme. Eine gute kostenlose Lösung ist beispielsweise das Programm Stratify 1.5 (Herzog 2010). Die Arbeitsschritte werden als stratigraphische Einheiten mit einer Klassifikation ihrer zeitlichen Bezüge in das gewählte Programm eingegeben. Die Software errechnet auf dieser Grundlage eine chronologische Abfolge der dokumentierten Arbeitsschritte und prüft die eingegebenen Daten auf Zirkelschlüsse (Abb. 5.4). Grundsätzlich sortiert das Programm Arbeitsschritte, deren Rangposition nicht eindeutig ermittelt werden können, entweder an die jüngst- oder die ältestmögliche Position. Die Entscheidung, welche dieser beiden Möglichkeiten umgesetzt wird, obliegt der AnwenderIn. Es wird empfohlen die erste Option zu wählen, da gerade die ältesten Phasen des Herstellungsprozesses wichtige Aussagen zur Konzeption eines Artefaktes liefern und so klar wie möglich erfasst werden sollten. Die entwickelte Harris-Matrix muss abschließend anhand des Originalfundes auf Konsistenz geprüft werden.

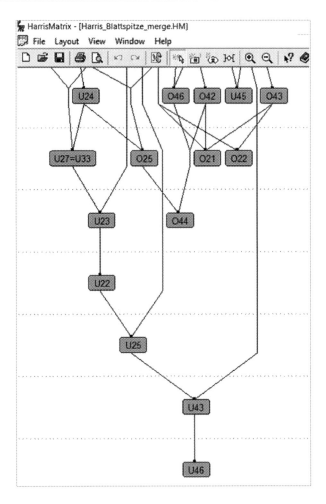

Abb. 5.4 Beispiel einer Harris-Matrix, die die zeitliche Abfolge der definierten Arbeits-schritte abbildet (Software: ArchEd)

5.4   Beispiel: Rekonstruktion des Herstellungsprozesses am Beispiel einer mittelpaläolithischen Blattspitze

Hat man den gesamten Dokumentationsprozess (Skizze, Codierung, Erfassen der Chronologie, Erstellen der Harris-Matrix) erfolgreich durchgeführt, gilt es, die Interpretation des analysierten Artefaktes zu verschriftlichen und zu visualisieren

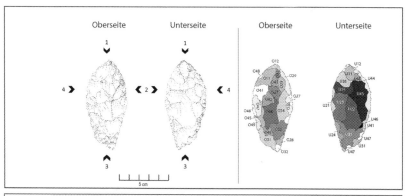

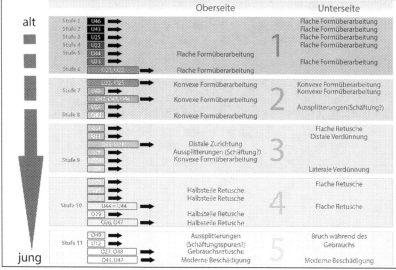

Abb. 5.5 Rekonstruktion des Herstellungsprozesses einer mittelpaläolithischen Blattspitze. Grafik: Yvonne Tafelmaier

und damit auch für eine außenstehende BetrachterIn verständlich darzulegen. In Abb. 5.5 ist eine Arbeitsschrittanalyse einer mittelpaläolithischen Blattspitze abgebildet. Die technische Zeichnung im oberen Teil vermittelt einen Eindruck der Gestalt des untersuchten Artefaktes. Das Einfärben verschiedener Arbeitsschritte unterschiedlicher Funktion ermöglicht dann eine erste visuelle Erfassung des Arbeitsprozesses. Dunklere Flächen signalisieren frühe Phasen des Abbauprozesses, heller eingefärbte Flächen stellen späte Arbeitsschritte dar. Zur Verdeutlichung wurde die Harris-Matrix im unteren Teil der Abbildung mit der den Arbeitsschritten zugewiesenen Funktion kombiniert. So kann die Biographie des Artefaktes umfassend nachvollzogen werden.

5.5   Fazit

Vorteile: Die Methode bietet die Möglichkeit Handlungs- und Entscheidungsprozesse von Individuen unmittelbar nachzuvollziehen. Dabei genügen schon wenige Artefakte, um Aspekte kognitiver Prozesse von Jägern und Sammlern zu verstehen. Eine Analyseeinheit besteht aus lediglich einem Artefakt. Der Materialaufwand ist gering und das standardisierte Analyseverfahren kann vergleichsweise einfach erlernt werden.

Nachteile: Die Durchführung der Analyse ist zeitaufwändig. Für die Untersuchung eines Artefaktes benötigt man im Vergleich zur Merkmalsanalyse (Kap. 2) bedeutend mehr Zeit. Insbesondere die technologische Klassifikation der einzelnen Arbeitsschritte wird als sehr subjektiv kritisiert (Bar-Yosef und van Peer 2009).

Die Analyse von techno-funktionalen Einheiten

6

6.1 Einleitung

Das **Design** eines von Menschenhand hergestellten Werkzeuges ist in den meisten Fällen ein Zusammenspiel verschiedener Faktoren, wobei neben ästhetischen Vorlieben vor allem die **Funktionalität** des Objektes eine Rolle spielt. Die hier vorgestellte Methode hat zum Ziel, die Funktion, die **Funktionsweise** und die **Verwendung** konkreter Steinwerkzeuge zu rekonstruieren. Dabei werden vorwiegend solche Artefakte ausgewählt, die über intentionell veränderte Kanten verfügen, also Werkzeuge im analytischen Sinne darstellen. Sie steht in engem Zusammenhang mit der Arbeitsschrittanalyse (Kap. 5), die den Herstellungsprozess, der durch das Design vorgegeben ist, nachvollzieht, sowie mikroskopischen Analysen (Kap. 7), die Aufschluss über den Gebrauch eines Werkzeuges geben können. Allen drei Arbeitsweisen ist gemein, dass sie sich analytisch mit nur einem einzelnen Objekt befassen. Kombiniert man alle drei genannten Methoden, kann ein Maximum an Information gewonnen werden und eine gegenseitige Ergebnis-Kontrolle erfolgen.

6.2 Forschungsgeschichte

Die Methode zur Analyse von sogenannten **techno-funktionalen Einheiten** *(unités techno-fonctionelles)* entstammt der französischen Schule, die mit ihrem frühen Fokus auf technologische Fragestellungen als Vorreiter gilt. Es war Michel Lepot, der in seiner nie veröffentlichten Abschlussarbeit aus dem Jahr 1993 das Konzept der techno-funktionalen Einheiten erstmalig in den wissenschaftlichen Diskurs eingeführt und die grundlegende Terminologie erarbeitet

© Springer Fachmedien Wiesbaden GmbH, ein Teil von Springer Nature 2020
Y. Tafelmaier et al., *Methoden zur Analyse von Steinartefakten*, essentials,
https://doi.org/10.1007/978-3-658-30570-3_6

hat. Darauf aufbauend und beeinflusst durch die Arbeiten des Psychologen P. Rabardel (z. B. Rabardel 1995), der sich mit der Interaktion von Mensch und Werkzeug und ergonomischen sowie kognitiven Aspekten beschäftigte, hat E. Boëda (2001, 2013) die Methode systematisch und umfassend angewendet und ihr theoretisches Fundament erweitert (Boëda 1997). Inzwischen kommt die Methode im Zusammenhang zahlreicher Untersuchungen zum Einsatz und ist weder auf bestimmte Regionen noch auf ausgewählte Epochen festgelegt. Zwar befassen sich die ersten Arbeiten mit Inventaren und Artefakten aus dem Paläolithikum (Boëda 2001; Pastoors 2001; Soriano 2001). Es existieren jedoch auch Anwendungsbeispiele aus dem Bereich des Neolithikums (z. B. Donnart 2010).

6.3 Methodische Grundlagen

Betrachtet man ein handelsübliches Messer, so besteht es immer aus mindestens **drei funktional unterschiedlichen Bestandteilen,** die aber erst durch ihre Verknüpfung die Funktionalität gewährleisten (Abb. 6.1). Das Messer verfügt über einen Griff, der von der BenutzerIn gehalten wird, eine Klinge, die mit dem zu bearbeitenden Objekt in Kontakt tritt, sowie einen Körper, der diese Bereiche miteinander verbindet. Eine **Werkzeugeinheit** hat also mittelnde Funktion und überträgt Energie von der BearbeiterIn, in vorhersehbarer Weise auf das zu bearbeitende Objekt. Diese Begebenheit macht sich die von M. Lepot

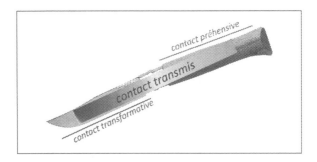

Abb. 6.1 Ein Messer besitzt unterschiedliche techno-funktionale Einheiten: 1) einen Griff, den passiven Teil, an welchem die Energie ankommt, 2) einen mittelnden Teil, den plastischen Gesamtkörper, der die Energie weiterleitet und 3) eine scharfe Kante, den aktiven Teil, der die ankommende Energie auf das zu bearbeitende Objekt überträgt. Grafik: Yvonne Tafelmaier

(1993) entwickelte Methode der Analyse von techno-funktionalen Einheiten (*unités techno-fonctionelles/UTFs*) zunutze. Wie anhand des Messer-Beispiels erläutert, besteht eine **Werkzeugeinheit** aus **drei techno-funktionalen Einheiten** (Abb. 6.1). Ein Bereich, an welchem die Energie aufgenommen wird – in unserem Beispiel der Messergriff. Dieser Bereich wird *contact préhensive* genannt (**passiver Teil**). Zweitens aus einer Arbeitskante, die die Energie auf das Objekt, das bearbeitet werden soll, überträgt. Diese Komponente wird *contact transformative* (**aktiver Teil**) genannt. Schließlich der zwischen beiden Funktionsbereichen vermittelnde plastische Körper, der den Energiefluss von der einen auf die andere Komponente gewährt. Er wird als *contact transmis* bezeichnet. Diese letzte Komponente ist oft schwer exakt von den kantennahen Funktionsbereichen zu trennen – oft bildet der *contact transmis* mit dem passiven Teil eine Einheit (Boëda 2001, S. 53). In der Praxis besteht das Erfassen dieser Komponente in der Beschreibung der Gestalt der Grundform (z. B. Querschnitt) und dem zugrundeliegenden Konzept ihrer Herstellung (formüberarbeitete Grundform oder Abschlag/Klinge). Beispielsweise könnte bei einem paläolithischen Keilmesser der mittelnde Teil als beidseitig formüberarbeitete Grundform mit plan-konvexem Querschnitt konzipiert sein. Die Abgrenzung zu den beiden Funktionskantenbereichen (aktiv und passiv) wäre einerseits über die Kantenretusche (aktiver Teil) und den der Arbeitskante gegenüberliegenden Rücken (passiver Teil) möglich. Anders als die bifaziell überarbeitete Grundform mit Negativen der planen und konvexen Formüberarbeitung, kann der passive Teil in einem natürlichen Rücken bestehen.

Die Synergieeffekte zwischen diesen drei Komponenten bedingen die Funktionalität und Handhabung eines Werkzeuges (Boëda 1997, S. 34). Ein Werkzeug vereint in seiner Konzeption demnach die Beschränkungen, die einerseits durch die **Instrumentalisierung** (Gestaltung) und andererseits durch die **Instrumentation** (Handhabung/Gebrauch) vorgegeben sind (Boëda 2001, S. 52) (Abb. 6.2). Anders als in unserem einfachen Messer-Beispiel, kann ein Objekt auch mehrere *Werkzeugeinheiten* (sprich *Werkzeuge*) in sich vereinigen. So kann ein Feuerzeug einerseits dazu dienen eine Kerze zu entzünden; der passive Teil (*contact préhensive*) wird in der Hand gehalten, wohingegen der aktive Teil (*contact transformative*) das Feuer entzündet. Sehr häufig wird das Feuerzeug aber auch als Flaschenöffner verwendet. In diesem Fall wird der aktive Teil zum passiven und umgekehrt. Die Basis des Griffs wird nun zur eigentlichen Arbeitskante und tritt mit dem zu entfernenden Objekt, dem Kronkorken, in Kontakt und löst ihn vom Flaschenhals.

Bei steinzeitlichen Geräten ist die Kombination mehrerer Werkzeugeinheiten innerhalb eines Objektes eher die Regel als die Ausnahme. Auch eine

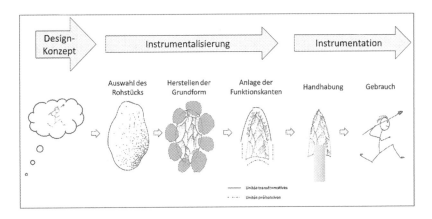

Abb. 6.2 Entstehungsprozess eines steinzeitlichen Werkzeuges von der Design-Idee, über die technische Umsetzung *(Instrumentalisierung)* bis hin zum Gebrauch *(Instrumentation)*. Grafik: Yvonne Tafelmaier

Neukonzeption während der Gebrauchsdauer eines Werkzeuges muss in Betracht gezogen werden. Bedenkt man, dass die Steinwerkzeuge wiederholt Umarbeitungsmaßnahmen unterzogen und über längere Zeiträume hinweg genutzt worden sind, wird deutlich, dass das analytische Erfassen der ehemaligen einzelnen techno-funktionalen Einheiten sowie der daraus rekonstruierten Werkzeugeinheiten eine große Herausforderung für die BearbeiterIn darstellt.

6.4   Durchführung der Methode

Das Durchführen der Methode basiert auf zwei wesentlichen Bestandteilen: einerseits werden technologische Beobachtungen an den Artefakten in einer Skizze, besser noch Zeichnung des betrachteten Objektes in standardisierter Weise festgehalten. Andererseits werden qualitative (z. B. Beschaffenheit der Grundform, Umriss und Querschnitt) und quantitative Daten (z. B. Kantenwinkel) aufgenommen und in einer Datentabelle hinterlegt.

Wie auch bei der Arbeitsschrittanalyse geht es bei der Analyse der techno-funktionalen Einheiten um die Rekonstruktion der individuellen Entscheidungsprozesse prähistorischer Menschen im Hinblick auf die Gestaltung eines Werkzeuges. Die Ideal-Vorstellung des Werkzeuges im Kopf der FertigerIn bedingt die Auswahl des Materials, die Umarbeitung in die gewünschte

Ausgangsform, die Anlage und Umformung der Kanten, gegebenenfalls das Einpassen in eine Halterung *(Schäftung)* und schließlich den Gebrauch. Die Aufgabe der BearbeiterIn besteht also darin, verschiedene Funktionsbereiche, die sogenannten techno-funktionalen Einheiten, an einem Steinwerkzeug zu identifizieren. Was die Unterscheidung in aktive und passive Teile angeht, gehören all diejenigen Abschnitte einer Kante zu einem **Funktionsbereich**, die zusammenhängend denselben **Kantenverlauf** und **Kantenwinkel** aufweisen und entweder gleichmäßig retuschiert oder nicht retuschiert sind.

Die Beobachtung, dass Kanten von Steinwerkzeugen ganz unterschiedlich beschaffen sind, ist eine grundlegende Bedingung der Methode (Wilmsen 1968). Um eine bestimmte Funktion zu erfüllen, muss die Arbeitskante, wie der aktive Teil eines Werkzeuges oft genannt wird, einen bestimmten Kantenwinkel und einen bestimmten Kantenverlauf aufweisen. Als Kantenwinkel bezeichnet man den Winkel der durch das Aufeinandertreffen der Unter- und Oberseite an der Kante entsteht. Um die gewünschte Form zu erhalten, muss zunächst eine überarbeitungsfähige Kante erzeugt werden. Dies geschieht durch das Herstellen einer Grundform, z. B. einer Klinge oder eines Abschlags oder der Bereitstellung einer formüberarbeiteten Grundform mit noch unbearbeiteten Kanten. Durch die intentionelle Modifikation einer Kante *(Retusche)*, kann ihre Gestalt verändert werden. Verläuft eine Kante beispielsweise in der Aufsicht gerade und weist einen Kantenwinkel von $< 45°$ auf, erfüllte sie sicherlich eine andere Funktion als eine Kante, die einen Winkel aufweist der gegen 90° tendiert. Im ersten Fall liegt eine scharfe, im zweiten Fall eine stumpfe Kante vor (nicht zu verwechseln mit stumpfem Winkel!). Stark vereinfacht gesagt, können schneidende Tätigkeiten daher nur mit der ersten Kante ausgeführt werden. Es gibt auch Fälle, in denen natürliche Bereiche, die bereits die gewünschte Gestalt haben, in eine Funktionskante einbezogen werden. Dies kann beispielsweise bei einer sehr stumpfen Kante der Fall sein. Ein sogenannter natürlicher Rücken wird somit in die Gestalt des Werkzeugs eingebunden.

Was die Bestimmung des Kantenwinkels angeht, gibt es unterschiedliche Methoden der Vermessung. Kontroll-Experimente zur Genauigkeit und Reproduzierbarkeit unterschiedlicher Mess-Methoden, favorisieren die Nutzung einer Schieblehre zur Messung der Dicke des Kantenbereichs in festgelegtem Abstand zur tatsächlichen Kante (Dibble und Bernard 1980). Anschließend wird mit der Formel $\alpha = 2[\mathrm{Tan}^{-1}\left(\frac{ST}{D}\right)]$ der Kantenwinkel berechnet, wobei T die gemessene Dicke und D der Abstand vom Scheitelpunkt bis zum Messpunkt ist (Dibble und Bernard 1980). Nach Einschätzung der Autorin hat sich in der Praxis auch das Messen mittels Winkelmesser (Goniometer) bewährt. Auch wenn man eine gewisse Schwankung von maximal $\pm 5°$ Abweichung einbeziehen muss, liefern die Messungen aussagekräftige und belastbare Daten. Es ist dabei darauf zu achten, dass die Messung in geringem Abstand zur Kante vorgenommen wird. Es handelt sich bei unseren Untersuchungsobjekten nicht um industriell gefertigte Stücke, so dass die Messpunkte individuell an jedes Artefakt angepasst werden müssen. Weiter kann nicht erwartet werden, dass der Kantenwinkel an verschiedenen Stellen einer techno-funktionalen Einheit bis auf zwei Grad gleich ist. Er sollte aber für eine techno-funktionale Einheit innerhalb eines bestimmten Bereiches liegen. Es bietet sich beispielsweise an, Gruppen zu bilden, sprich Kanten mit Winkeln bis 45°, zwischen 45° und 70° sowie 70° und 90° zu unterscheiden.

Die techno-funktionalen Einheiten werden üblicherweise mit Großbuchstaben bezeichnet (A, B, C, usw.) (Abb. 6.3). Es ist weiter darauf zu achten, dass die Ober- und Unterseiten eines Artefakts innerhalb eines Funktionsbereichs sowohl passive als auch aktive Teile verschiedener Werkzeugeinheiten sein können. Eine ehemalige Werkzeugkante einer dorsal lateral retuschierten Klinge kann in einer späteren Phase der passive Teil eines später angelegten Werkzeugs mit einer beispielsweise entsprechend ventral umgeformten Kante sein. Ober- und Unterseite dieser Bereiche werden dann zusätzlich mit Zahlen versehen (A1 & A2),

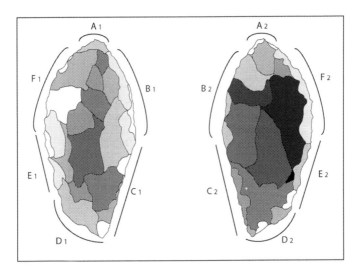

Abb. 6.3 Bestimmung der techno-funktionalen Einheiten und Codierung der Artefaktbereiche. Unerlässlich ist die begleitende Anlage einer Datentabelle, die die erfassten techno-funktionalen Einheiten eines Artefaktes charakterisiert. Grafik: Yvonne Tafelmaier

machen aber eine techno-funktionale Einheit aus. Es ist zu empfehlen, zunächst die aktiven techno-funktionalen Einheiten *(contacts transformatives)* eines Arte-faktes zu bestimmen. Regelmäßig retuschierte Kanten, die Winkel unter 45° aufweisen sind oftmals (aber nicht immer) als aktive Komponenten zu identi-fizieren. Rückengestumpfte Bereiche, wie beispielsweise bei Rückenmessern, sind ein Hinweis auf passive Werkzeugteile. Anhaftende Klebereste in diesem Bereich könnten weitere Indizien für den passiven Charakter dieses Bereichs sein und eine Schäftung dieser Seite andeuten. Fehlende Kantenretuschen sowie unregelmäßige Aussplitterungen an Kanten können sowohl passive als auch aktive Werkzeugteile andeuten.

Die abschließende Rekonstruktion einer Werkzeugeinheit orientiert sich am Postulat der technischen Kohärenz, d. h. der Sinnhaftigkeit der Kombination von identifizierten techno-funktionalen Einheiten. Üblicherweise liegen die aktiven Komponenten den passiven Teilen direkt gegenüber. Ist das analysierte Werkzeug beispielsweise ein Bohrer mit zugearbeiteter Spitze, ist der passive Teil *(contact préhensiv)* im gegenüberliegenden Werkzeugbereich zu suchen. Das in Abb. 6.4 aufgeführte Beispiel zeigt die Kombination verschiedener aktiver und passiver Teile innerhalb eines Steinwerkzeuges sowie die Rekonstruktion unterschied-licher Werkzeugeinheiten.

Arbeitsablauf

- Arbeitsmaterial: Lupe, ggf. Mikroskop, Zeichnung/Skizze des Artefaktes, Winkelmesser, Bleistift und farbige Stifte, Datenblatt (bevorzugt digital)

1. Bestimmung der Grundform, deren Konzeption und Gestalt, wie bei-spielsweise Umriss & Querschnitt(e). => Eingeben der Beobachtungen nach Merkmalen in Datentabelle.
2. Analyse der kantennahen Bereiche: Lage und Gestalt der Retuschen (inkl. Kantenwinkel), Kantenveränderungen (z. B. Gebrauchs-/Kryo-retuschen, Impaktbrüche). => Zeichnerische Dokumentation und Ein-geben der Messwerte in Datentabelle.
3. Erfassen der techno-funktionalen Einheiten. => Benennen und zeich-nerische Dokumentation in der Skizze
4. Kombination der techno-funktionalen Einheiten zu Werkzeugeinheiten (bestehend aus aktivem – mittelndem – passivem Teil). => Virtuelle Umsetzung der Interpretation

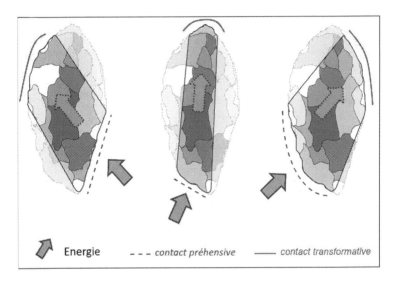

Abb. 6.4 Funktionale Rekonstruktion einer mittelpaläolithischen Blattspitze. Die Abbildung zeigt einerseits die techno-funktionalen Einheiten und andererseits die drei unterschiedlichen Werkzeugeinheiten, die auf unterschiedlichen Kombinationen der identifizierten techno-funktionalen Einheiten beruhen (gestrichelte Linie: passiver Werkzeugbereich; durchgezogene Linie: aktiver Werkzeugbereich; Pfeil: zeigt die Richtung der Energieübertragung). Grafik: Yvonne Tafelmaier

6.5   Kritik

Die Analyse der techno-funktionalen Einheiten und das Zusammenfassen zu Werkzeugeinheiten basiert auf einer Interpretation der synergetischen Wechselwirkung verschiedener Werkzeugbereiche. Insbesondere die Umarbeitung und Überlagerung verschiedener Funktionsbereiche stellt einen Unsicherheitsfaktor in der Rekonstruktion des Designs dar. Eine chronologische Abfolge kann oftmals nicht sicher belegt werden (vgl. Kap. 5). Während das Erfassen einer techno-funktionalen Einheit zuverlässiger gelingt, ist insbesondere das Zusammenfassen zu Werkzeugeinheiten interpretativ und besitzt daher einen höheren Subjektivitätsgrad. Selbst E. Boëda, ein Fürsprecher dieser Herangehensweise, merkt an, dass auch bei technischer Kohärenz einer angestellten Interpretation andere Kombinationsmöglichkeiten von Funktionsbereichen grundsätzlich valide sein können (Boëda 2001, S. 62). Die rekonstruierten Werkzeugeinheiten sind somit als Hypothesen anzusehen, die durch weitere Untersuchungen, beispielsweise Gebrauchsspuranalysen (vgl. Kap. 7), überprüft werden sollten.

Mikroskopische Gebrauchsspurenanalysen

7

7.1 Einleitung

Die Erforschung der in den Steinartefakten gespeicherten Spuren, die Hinweise auf Funktion und Nutzung dieser Stücke geben können, ist von zentraler Bedeutung für die Auseinandersetzung mit steinzeitlichen Fundkomplexen. Im Nachweis der bearbeiteten Materialien und der ausgeführten Aktionen wird der prähistorische Mensch hinter dem Artefakt mit seinen Absichten, Handlungen und Kenntnissen konkret sichtbar. Außerdem ermöglichen solche Untersuchungen den Beleg der Bearbeitung von Materialien, die i. d. R. nicht mehr erhalten sind (z. B. Holz, Pflanzenfasern, Häute/Felle/Leder). Teils lassen sich sogar anhaftende Reste auf den Steinartefakten mikroskopisch nachweisen. Darüber hinaus geben mikroskopische Analysen an lithischen Objekten Aufschluss über Technologien bzw. technologische Systeme (z. B. über Schäftungsweisen oder den Einsatz von Klebern). Das Erkenntnisinteresse der Gebrauchsspurenuntersuchung ist die Ergründung der konkreten Arbeitsweise eines Werkzeuges und des bearbeiteten Materials. Die Gebrauchsspurenanalyse ist eine essenzielle Methodik der prähistorischen Archäologie, die das Wissen um die steinzeitliche Alltagsorganisation nachgerade lebendig macht.

7.2 Forschungsgeschichte

Jede Verwendung von Steinartefakten kann zur Bildung von Gebrauchsspuren auf der Oberfläche führen; wenn mit dem Stück selbst gearbeitet wird, oder auch durch eine Schäftung des Gerätes (vgl. Rots 2010; Keeley 1982). Obwohl z. B. der mit bloßem Auge erkennbare, an neolithischen Silexeinsätzen oft zu beobachtende *Sichelglanz* schon relativ lange bekannt ist (Spurrell 1884, zitiert nach Pawlik 1995), ist der forschungsgeschichtlich erste wirklich greifbare Beginn der Gebrauchsspurenuntersuchungen auf das Jahr 1957 zu datieren, in dem die russischsprachige Originalausgabe von S. A. Semenovs Standardwerk „*Prehistoric Technology – an Experimental Study of the oldest Tools and Artefacts from traces of Manufacture and Wear*" (Titel der englischen Übersetzung von M. W. Thompson von 1964) veröffentlicht wurde. Hiernach wandten sich bald auch westliche Wissenschaftler dem Thema zu (z. B. Nance 1971; Keeley 1974, 1980; Hayden 1979; Moss und Newcomer 1982; Moss 1983; Plisson 1985; Unrath et al. 1986). Im Zuge der Verbreitung von Gebrauchsspurenuntersuchungen wurde dann vermehrt daran gearbeitet, die Interpretation auf eine gesicherte experimentelle Basis zu stellen (z. B. Keeley und Newcomer 1977; Keeley 1980; Odell und Odell-Vereecken 1980; Moss und Newcomer 1982; Fischer et al. 1984; Plisson 1985; Vaughan 1985; Unrath et al. 1986; Beyries 1993, 1999; Pawlik 1995; Caspar und de Bie 1996; Hardy und Garufi 1998; Rots 2010; Pétillon et al. 2011).

7.3 Methoden

Vor der mikroskopischen Analyse müssen die Steinartefakte vom anhaftenden Sediment befreit werden, wobei die Stücke vor der Reinigung auf etwaige Residuen untersucht werden sollten (Pawlik 1995; Rots 2010); diese sind gegebenenfalls für die spätere Analyse zu dokumentieren. Die anschließende Säuberung sollte, um einer künstlichen Spurenbildung vorzubeugen und eventuelle Residuen nicht anzugreifen, so kurz wie möglich gehalten und maximal mit niedrig dosierten säurehaltigen Lösungen durchgeführt werden, um nicht potentiell vorhandene Polituren zu beeinträchtigen oder diese gar zu entfernen (Keeley 1980; Pawlik 1995; Rots 2010). Auch das Säubern der Artefakte in einem Ultraschallbad, eventuell unter Hinzugabe von etwas Spülmittel oder einer 1 %-igen Kaliumhydroxid-Lösung ist möglich (Pawlik 1995). Während der laufenden Untersuchungen werden die Artefakte entweder mit Alkohol oder Aceton gesäubert. Beides beeinträchtigt die Gebrauchsspuren nicht, ist aber sehr gut geeignet, anhaftendes Fett (von den Fingern) oder Reste von Klebeknete (zur Fixierung von Artefakten) zu entfernen (Rots 2010).

Die mikroskopische Analyse von **Residuen** hat Ablagerungen eines ehemals anhaftenden oder mit dem Steinartefakt bearbeiteten Materiales als Gegenstand (Abb. 7.1; vgl. z. B. Briuer 1976; Anderson 1980; Anderson-Gerfaud 1986; Lombard und Wadley 2007; Rots et al. 2015; Yates et al. 2015). Neben der

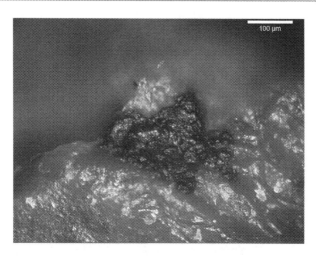

Abb. 7.1 Mikroskopische Detailaufnahme eines anhaftenden Materialrückstandes auf einem Steinartefakt. Foto: Andreas Taller

Identifikation beispielsweise von Holzzellen (z. B. Hardy und Garufi 1998) oder Blut (Loy 1993) können Erkenntnisse zur chemischen Zusammensetzung der Residuen (z. B. bei Klebstoffen) unter Benutzung verschiedener Methoden wie der Infrarot-Spektroskopie (z. B. Baales et al. 2017), der Raman-Spektroskopie (z. B. Bradtmöller et al. 2016) oder der Gaschromatographie und Massenspektrometrie (vgl. Perrault et al. 2016; Cnuts et al. 2018) gewonnen werden.

Die Gebrauchsspuren an Steinartefakten können sich in Form von **Polituren** und abgegrenzten, **polierten Bereichen** *(bright spots)* auf der Artefaktoberfläche, **verrundeten Kanten und Graten, Aussplitterungen** an der Arbeitskante und **Brüchen** des Artefaktes sowie sogenannten *Striae* (in die Oberfläche eingetiefte Riefen, welche durch den Kontakt mit relativ hartem Material gebildet werden und oft eine Bewegungsrichtung anzeigend linear ausgeprägt sind) manifestieren. Bei einer Nutzung als Projektil zeigen Steinartefakte teils charakteristische Bruchmuster, die unter Berücksichtigung mikroskopisch sichtbarer Spuren (z. B. *Striae*) eine solche Verwendung belegen können (z. B. Fischer et al. 1984; Pétillon et al. 2011; Rots und Plisson 2014).

Die einzelnen Formen der Gebrauchsspuren müssen in ein Gesamtbild aus allen makro- wie mikroskopischen Spuren, Artefaktmorphologie und archäologischem Kontext integriert werden, um eine schlüssige Interpretation zu ermöglichen.

Bei den mikroskopischen Untersuchungen unterscheidet man *low power-*, und *high power-* Analysen.

*Low power-*Analysen werden mit Stereomikroskopen (Vergrößerung bis 100x), die keine eigene Lichtquelle im Objektiv haben, durchgeführt. Die Stereomikroskopie folgt dabei dem Auflicht-Prinzip, es gibt eine externe, seitlich einstrahlende Beleuchtung (Abb. 7.2a). Der Vorteil besteht darin, dass trotz der relativ geringen Vergrößerung ein dreidimensionales Bild der betrachteten Ausschnitte mit guter Schärfentiefe vermittelt wird; hierdurch lassen sich Veränderungen an den Kanten und in der Oberflächentopographie eines Artefaktes erkennen (vgl. Pawlik 1995).

Für *high power-*Analysen werden Auflichtmikroskope mit möglichen Vergrößerungen bis zu 1000x verwendet, wobei hauptsächlich mit Objektiven bzw. Kombinationen von 200x gearbeitet wird (z. B. Odell und Odell-Vereecken 1980; Rots 2010). Diese Geräte werden, ihrer häufigen Verwendung in der Industrie zur Oberflächenprüfung und Werkstoffanalyse folgend auch als „metallurgische Mikroskope" bezeichnet (Abb. 7.2b). Das zu untersuchende Objekt wird dabei wiederum von oben beleuchtet, wobei sich die Lichtquelle meist im Objektiv selbst befindet.

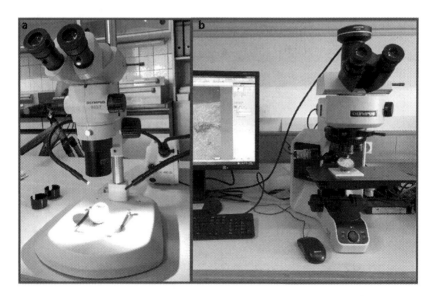

Abb. 7.2 Stereomikroskop (2**a**), Metallurgisches Auflichtmikroskop (2**b**). Foto: Andreas Taller

Eine weitere Möglichkeit für *high power-* Analysen bietet die Rasterelektronenmikroskopie (REM; engl. SEM: *scanning electron microscope;* vgl. Ollé und Verges 2014). Hierbei wird das zu untersuchende Objekt von einem Elektronenstrahl in einem vorgegebenen Raster abgetastet, und aus diesen Informationen ein hoch auflösendes Oberflächenabbild mit großer Schärfentiefe generiert.

*High power-*Analysen sind zeitintensiv, da die komplette Artefaktoberfläche eingehend auf Veränderungen hin untersucht wird; eine aufschlussreiche Dokumentation von etwaigen Polituren oder Verrundungen ist durch die hohen machbaren Vergrößerungen möglich (Abb. 7.3).

Alle Beobachtungen werden fortlaufend fotografisch dokumentiert und auf technischen Zeichnungen oder Artefaktfotos festgehalten (Abb. 7.4); die mikroskopisch gewonnenen Erkenntnisse zum Gebrauch eines Steingerätes werden in einer umfassenden Zusammenschau lokalisiert und interpretiert.

Die *low power-* Herangehensweise kann dabei ergänzend zur eingehenden Untersuchung mit einem metallurgischen Auflichtmikroskop (z. B. im Sinne einer vergrößerten Stichprobe, da diese Methode zwar weniger detailliert, aber dafür schneller durchführbar ist), aber auch vorbereitend für die *high power-* Untersuchung (Vorauswahl von Stücken) eingesetzt werden.

Die Einordnung der beobachteten Spuren ist nur durch den experimentellen Vergleich möglich. Daher ist das Anlegen, Auswerten und Archivieren von umfassenden Experimentalserien eine zwingend nötige Voraussetzung für aussagekräftige Gebrauchsspurenanalysen (vgl. Rots 2010). Entsprechend

Abb. 7.3 Verrundete, schwach polierte Kante eines Steinartefaktes, das zur Bearbeitung von Rengeweih verwendet wurde. Foto: Andreas Taller

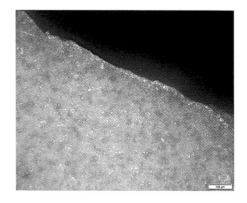

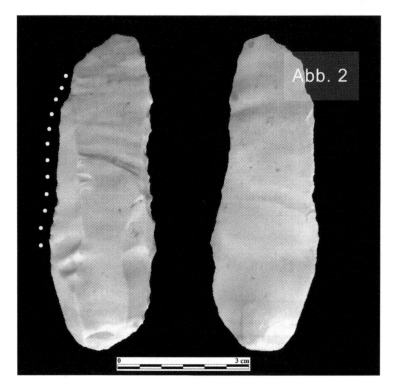

Abb. 7.4 Grafische Dokumentation der Spuren (der Ausschnitt markiert das mikroskopische Bild aus Abb. 7.2; die gepunktete Linie zeigt den Bereich mit Gebrauchsspuren. Grafik: Andreas Taller

umfangreich und breit gefächert sind die durchgeführten Studien (s. o.). Zur Überprüfung der Ergebnisse von Experimenten haben sich *blind tests* etabliert, da so die Stichhaltigkeit der für eine bestimmte Arbeitsweise oder ein bestimmtes, bearbeitetes Material herausgestellten, diese identifizierenden Kriterien und Attribute verifiziert werden kann.

Postdepositionelle Veränderungen an Steinartefakten können Gebrauchsspurenuntersuchungen erschweren. Solche nicht intentionellen, zufällig entstandenen Spuren können z. B. durch den Transport im Sediment verursachte Kantenverrundungen, *Striae* und Polituren sein; Frostdynamiken können Aussplitterungen, das chemische Bodenmilieu Patinierungen verursachen.

Schließlich kann auch der Umgang mit Artefakten nach deren Bergung mikroskopisch sichtbare Spuren generieren (vgl. Moss 1983; Symens 1988; Pawlik 1995; Rots 2010).

7.4   Stärken und Schwächen

Idealerweise lassen sich durch Gebrauchsspurenanalysen sowohl die Arbeitsbewegung eines Steinartfaktes, als auch das bearbeitete Material ergründen; und teils können Aussagen über die Gestaltung von Kompositgeräten und Schäftungsweisen getroffen werden. Die konkrete Funktionsweise eines Artefaktes lässt sich dann, im Gegensatz zu rein technologischen Analysen, relativ klar nachvollziehen.

Um derartige Ergebnisse erzielen zu können, ist allerdings zunächst das Sammeln von sehr viel Erfahrung in der mikroskopischen Analyse von Steinartefakten notwendig, und es muss ein eingehendes Studium von umfassenden, gut dokumentierten und archivierten Vergleichssammlungen stattfinden. Zeitintensive Experimente sind unerlässlich, um die Stichhaltigkeit der Methode laufend zu überprüfen und Hypothesen testen zu können; außerdem muss die entsprechende apparative Ausstattung vorhanden sein.

Die lange und intensive Einarbeitungsdauer und die relativ zeitaufwändige mikroskopische Untersuchung als solche sind Schwachpunkte der Methode, weswegen man sich meist auf repräsentative Stichproben beschränkt. Die benötigten Gerätschaften sind relativ teuer in der Anschaffung.

Was Sie aus diesem *essential* mitnehmen können

- Erkenntnisgewinn über die methodische Bandbreite der Analyse von Steinarte-fakten
- Auswahl der geeigneten Analysemethode für spezifische Fragestellungen
- Kombination von Vorgehensweisen verschiedener Methoden
- Anleitungen und Hilfestellungen zur Durchführung
- Ratschläge zur Interpretation der Ergebnisse

© Springer Fachmedien Wiesbaden GmbH, ein Teil von Springer Nature 2020
Y. Tafelmaier et al., *Methoden zur Analyse von Steinartefakten,* essentials,
https://doi.org/10.1007/978-3-658-30570-3

Literatur

Anderson-Gerfaud, P. (1986). A few comments concerning residue analysis of stone plant-processing tools. In L. Owen & G. Unrath (Hrsg.), *Technical aspects of microwear studies on stone tools, early man news 9/10/11* (S. 69–81). Tübingen: Archaeologica Venatoria.

Anderson, P. C. (1980). A testimony of prehistoric tasks: Diagnostic residues on stone tool working edges. *World Archaeology, 12*(2), 181–194.

Andrefsky, W. (2005). *Lithics: Macroscopic approaches to analysis.* Cambridge: Cambridge University Press.

Audouze, F., & Karlin, C. (2017). La chaîne opératoire a 70 ans: qu'en ont fait les préhistoriens français. *Journal of Lithic Studies, 4,* 5–73.

Audouze, F., Bodu, P., Karlin, C., Julien, M., Pelegrin, J., & Perlès, C. (2017). Leroi-Gourhan and the chaîne opératoire: A response to Delage. *World Archaeology, 49,* 718–723.

Auffermann, B., Burkert, W., Hahn, J., Pasda, C., & Simon, U. (1990). Ein Merkmalsystem zur Auswertung von Steinartefaktinventaren. *Archäologisches Korrespondenzblatt, 20,* 259–268.

Baales, M., Birker, S., & Mucha, F. (2017). Hafting with beeswax in the final Palaeolithic: A barbed point from Bergkamen. *Antiquity, 91,* 1155–1170.

Balfet, H. (1975). Technologies. In R. Cresswell (Hrsg.), *Éléments d'ethnologie 2* (S. 44–79). Paris: A. Colin.

Bar-Yosef, O., & van Peer, Ph. (2009). The Chaîne Opératoire Approach in Middle Paleolithic Archaeology. *Current Anthropology, 50*(1), 103–131.

Bataille, G. (2006). The production and usage of stone artefacts in the context with faunal exploitation – The repeatedly visited primary butchering station of Level II/7E. In V. P. Chabai, J. Richter, & T. Uthmeier (Hrsg.), *Kabazi II: The 70000 years since the last interglacial. Palaeolithic sites of Crimea* (Bd. 2, S. 111–130). Simferopol-Köln: Shlyakh.

Bataille, G. (2010). Recurrent occupations of the late Middle Palaeolithic station Kabazi II, unit II, level 8 (Crimea, Ukraine) – Seasonal adaption, procurement and processing of resources. *Quartär, 57,* 43–77.

Bataille, G. 2012. Stones and Bones. The reconstruction of occupational palimpsests in the late Middle Palaeolithic of Crimea (Ukraine). In J. Cascalheira & C. Gonçalves (Hrsg.),

© Springer Fachmedien Wiesbaden GmbH, ein Teil von Springer Nature 2020
Y. Tafelmaier et al., *Methoden zur Analyse von Steinartefakten*, essentials,
https://doi.org/10.1007/978-3-658-30570-3

Actas das IV Jornadas de Jovens em Investigação Arqueológica – JIA 2011(2), 201–209. Faro: Promontoria Monográfica Bd. 16, Universidade do Algarve.

Bataille, G. (2016). Extracting the "Proto" from the Aurignacian. Dissociate and intercalated production sequences of blades and bladelets in the lower Aurignacian phase of Siuren 1, Units H & G (Crimea). *Mitteilungen der Gesellschaft für Urgeschichte, 25*, 49–86.

Bataille, G. (2017). Neanderthals of Crimea – Creative generalists of the late Middle Paleolithic. Contextualizing the leaf point industry Buran-Kaya III, Level C. *Quaternary International, 435*, 211–236.

Bataille, G., & Conard, N. J. (2018). Burin-core technology in Aurignacian horizons IIIa and IV of Hohle Fels Cave (Southwestern Germany). *Quartär, 65*, 7–49.

Beyries, S. (1993). Exprérimentation archéologique et savoir-faire traditionnel: l´exemple de la découpe d´un cervidé. *Techniques et cultures, 22*, 53–79.

Beyries, S. (1999). Ethnoarchaeology: A Method of Experimentation. *Urgeschichtliche Materialhefte, 14*, 117–130.

Boëda, E. (1986). *Approche Technologique du Concept Levallois et Evaluation de son Champ d'Application*. Nanterre: Université Paris X-Nanterre.

Boëda, E. (1988). Le concept laminaire: rupture et filiation avec le concept Levallois. In M. Otte (Hrsg.), *L'homme de Néandertal* (S. 41–59). Liège: ERAUL 8.

Boëda, E. (1994). *Le concept Levallois: variabilité des méthodes*. C.N.R.S. Paris: Monographie du CRA.

Boëda, E. (1995). Steinartefakt-Produktionssequenzen im Micoquien der Kulna-Höhle. *Quartär, 45*(46), 75–98.

Boëda, E. (1997). *Technogenèse de systèmes de production lithique au Paléolithique inférieur et moyen en Europe occidentale et au Proche-Orient*. Nanterre: Université Paris X-Nanterre (Habilitation).

Boëda, E. (2001). Determination des unites techno-fonctionnelles de pieces bifaciales provenant de la couche acheuléenne C'3 base du site de Barbas I. In D. Cliquet (Hrsg.), *Les industries à outils bifaciaux du Paléolithique moyen d'Europe occidentale. Actes de la Table Ronde internationale de Caen, 14-15 octobre 1995* (S. 51–75). Liège: ERAUL 98.

Boëda, E. (2013). *Technologique & technologie: Une paléo-histoire des objets lithiques tranchants*. Prigonrieux: Archéo-éditions.

Boëda, E., Geneste, J. M., & Meignen, L. (1990). Identification de chaînes opératoires lithiques du Paléolithique ancien et moyen. *Paléo, 2*, 43–80.

Böhner, U. (2008). *Die Schicht E3 der Sesselfelsgrotte und die Funde aus dem Abri I am Schulerloch. Späte Micoquien-Inventare und ihre Stellung zum Moustérien*. Bd. IV: Sesselfelsgrotte. Stuttgart: Verlag Franz Steiner.

Bordes, F. (1950). Principes d'une méthode d'étude des techniques et de la typologie du Paléolithique. ancien et moyen. *L'Anthropologie, 54*, 19–34.

Bordes, F. (1961). *Typologie du Paléolithique ancien et moyen*. Mémoire n°1. Bordeaux: Publications de l'Institut de Préhistoire de l'Université de Bordeaux.

Bosinski, G., Brunnacker, K., Schütrumpf, R., & Rottländer, R. (1966). Der paläolithische Fundplatz Rheindahlen, Ziegelei Dreesen-Westwand. *Bonner Jahrbücher, 166*, 318–360.

Bourguignon, L. (1992). Analyse du processus opératoire des coups de tranchet lateraux dans l'industrie moustérienne de l'Abri du Musée (Les Eyzies-de-Tayac, Dordogne). *Paléo, 4*, 69–89.

Bradtmöller, M., Sarmiento, A., Perales, U., & Cruz Zuluaga, M. (2016). Investigation of Upper Palaeolithic adhesive residues from Cueva Morín, Northern Spain. *Journal of Archaeological Science Reports, 7*, 1–13.

Briuer, F. (1976). New clues to stone tool function: Plant and animal residues. *American Antiquity, 41*(4), 478–484.

Burkert, W. (1999). *Lithische Rohmaterialversorgung im Jungpaläolithikum des südöstlichen Baden-Württemberg*. Dissertation, Tübingen.

Caspar, J.-P., & de Bie, M. (1996). Preparing for the Hunt in the Late Paleolithic Camp at Rekem, Belgium. *Journal of Field Archaeology, 23*(4), 437–460.

Çep, B., Burkert, W., & Floss, H. (2011). Zur mittelpaläolithischen Rohmaterialversorgung im Bockstein (Schwäbische Alb). *Mitteilungen der Gesellschaft für Urgeschichte —, 20*, 33–46.

Chabai, V. P., Richter, J., & Uthmeier, T. (2005). *Kabazi II: Last interglacial occupation, environment & subsistence. Palaeolithic sites of Crimea* (Bd. 1). Simferopol: Shlyakh.

Chabai, V. P., Richter, J., & Uthmeier, T. (2006). *Kabazi II: The 70000 years since the last interglacial. Palaeolithic sites of Crimea* (Bd. 2). Simferopol: Shlyakh.

Chomsky, N. (1965). *Aspects of the theory of syntax*. Cambridge: MIT Press.

Cnuts, D., Perrault, K. A., Stefanuto, P.-H., Dubois, L. M., Focant, J.-F., & Rots, V. (2018). Fingerprinting glues using HS-SPME GC × GC-HRTOFMS: A new powerful method allows tracking glues back in time. *Archaeometry, 60*(6), 1361–1376.

Conard, N. J., Prindiville, T. J., & Adler, D. S. (1998). Refitting bones and stones as a means of reconstructing middle paleolithic subsistence in the Rhineland. In J. P. Brugal, L. Meignen, & M. Patou-Mathis (Hrsg.), *XVllle Rencontres Internationales d'Archéologie et d'Histoire d'Antibes, Économie Préhistorique: Les comportements de subsistance au Paléolithique* (S. 273–290). Sophia Antipolis: Éditions APDCA.

Cotterell, B., & Kamminga, J. (1987). The formation of flakes. *American Antiquity, 52*, 675–708.

Cotterell, B., Kamminga, J., & Dickson, F. P. (1985). The essential mechanics of conchoidal flaking. *International Journal of Fracture, 29*(4), 205–221.

Cresswell, R. (1983). Transferts de techniques et chaînes opératoires. *Techniques et Culture, 2*, 143–163.

Cziesla, E. (1986). Über das Zusammenpassen geschlagener Steinartefakte. *Archäologisches Korrespondenzblatt, 16*, 251–265.

Dauvois, M. (1976). *Précis de dessin dynamique et structural des industries lithiques préhistoriques*. Périgueux: Pierre Fanlac.

Dibble, H. L., & Rezek, Z. (2009). Introducing a new experimental design for controlled studies of flake formation: Results for exterior platform angle, platform depth, angle of blow, velocity, and force. *Journal of Archaeological Science, 36*(9), 1945–1954.

Dibble, H. L., & Whittaker, J. C. (1981). New experimental evidence on the relation between percussion flaking and flake variation. *Journal of Archaeological Science, 8*, 283–296.

Dibble, H., & Bernard, M. C. (1980). A comparative study of basic edge angle measurement techniques. *American Antiquity, 45*(4), 857–865.

Donnart, K. (2010). L'analyse des unités techno-fonctionnelles appliquée à l'étude du macro-outillage néolithique. *L'Anthropologie, 114*(2), 179–198.

Drafehn, A., Bradtmöller, M., & Mischka, D. (2008). SDS–Systematische und digitale Erfassung von Steinartefakten (Arbeitsstand SDS 8.05). *Journal of Neolithic Archaeology,* 10, 1–58.

Fischer, A., Hansen, P. V., & Rasmussen, P. (1984). Macro and micro wear traces on lithic projectile points. Experimental results and prehistoric examples. *Journal of Danish Archaeology, 3,* 19–46.

Fish, P. R. (1981). Beyond tools: Middle Paleolithic debitage analysis and cultural inference. *Journal of Anthropological Research, 37*(4), 374–386.

Floss, H. (1994). *Rohmaterialversorgung im Paläolithikum des Mittelrheingebietes.* Monographien des RGZM 21. Bonn: Rudolf Habelt Verlag.

Floss, H. (Hrsg.). (2012). *Steinartefakte. Vom Altpaläolithikum bis in die Neuzeit.* Tübingen Publications in Prehistory. Tübingen: Kerns Verlag.

Frick, J. A., Herkert, K., Hoyer, C., & Floss, H. (2017). The performance of tranchet blows at the late Middle Palaeolithic site of Grotte de la Verpillère I (Saône-et-Loire, France). *PlosOne, 12*(11), e0188990.

Geneste, J.-M. (1985). *Analyse lithique d'industries moustériennes du Périgord: approche technologique du comportement des groupes humains au Paléolithique moyen.* Bordeaux: Université de Bordeaux I (Unpublizierte Doktorarbeit).

Geneste, J.-M. (1991). Systèmes techniques de production lithique: variations techno-économiques dans les processus de réalisation des outillages paléolithiques. *Techniques et Culture, 17–18,* 1–35.

Hahn, J. (1988). *Die Geißenklösterle-Höhle im Achtal bei Blaubeuren: Fundhorizontbildung und Besiedlung im Mittelpaläolithikum und im Aurignacien.* Bd. 26: Forschungen und Berichte zur Vor- und Frühgeschichte in Baden-Württemberg. Stuttgart: K. Theiss.

Hahn, J. (1991). *Erkennen und Bestimmen von Stein- und Knochenartefakten: Einführung in die Artefaktmorphologie* (Bd. 10). Tübingen: Archaeologica Venatoria.

Hahn, J. (1992). *Zeichnen von Stein- und Knochenartefakten* (Bd. 13). Tübingen: Archaeologica Venatoria.

Hassan, F. A. (1988). Prolegomena to a grammatical theory of lithic artifacts. *World Archaeology, 19*(3), 281–296.

Haudricourt, A.-G. (1964). La technologie, science humaine. *La Pensée, 115,* 28–35.

Haudricourt, A.-G. (1987). *La technologie, science humaine, Recherche d'histoire et d'ethnologie des techniques.* Paris: Maison des Sciences de l'Homme.

Hayden, B. (Hrsg.). (1979). *Lithic use-wear analysis.* New York: Academic Press.

Herzog, I. (2010). Stratify website. http://www.stratify.org/.

Holdaway, S., & Stern, N. (2004). *A record in stone: the study of Australia's flaked stone artifacts.* Canberra: Aboriginal Studies Press.

Inizan, M.-L., Reduron-Ballinger, M., Roche, H., & Tixier, J. (1995). *Préhistoire de la Pierre Taillée – t. 4: Technologie de la pierre taillée.* Meudon: CREP.

Inizan, M.-L., Reduron-Ballinger, M., Roche, H., & Tixier, J. (1999). *Technology of knapped stone.* Nanterre: CREP.

Inizan, M.-L., Roche, H., & Tixier, J. (1992). *Technology of Knapped Stone. Préhistoire de la Pierre Taillée, t. 3.* Meudon: CREP.

Jöris, O. (2001). *Der spätmittelpaläolithische Fundplatz Buhlen (Grabungen 1966–1969). Stratigraphie, Steinartefakte und Fauna des Oberen Fundplatzes.* Universitäts-forschungen zur Prähistorischen Archäologie Bd. 73. Bonn: Habelt.

Keeley, L. H. (1974). Technique and methodology in microwear studies – Critical review. *World Archaeology, 5*(3), 323–336.

Keeley, L. H. (1980). *Experimental determination of stone tool uses: A microwear analysis.* Chicago: University of Chicago Press.

Keeley, L. H. (1982). Hafting and retooling: Effects on the archaeological record. *American Antiquity, 47*(4), 798–809.

Keeley, L. H., & Newcomer, M. H. (1977). Microwear analysis of experimental flint tools: A test case. *Journal of Archaeological Science, 4*, 29–62.

Kerkhof, F., & Müller-Beck, H. (1969). Zur bruchmechanischen Deutung der Schlag-marken an Steingeräten. *Glastechnische Berichte, 42*, 439–448.

Kind, C.-J. (2003). *Das Mesolithikum in der Talaue des Neckars. Die Fundstellen von Rottenburg Siebenlinden 1 und 3.* Forschungen und Berichte zur Vor- und Früh-geschichte in Baden-Württemberg, Bd. 88. Stuttgart: Konrad Theiss Verlag.

Kretschmer, I. (2006). Kabazi II, Level II/7AB: Hunting and raw material procurement for stone artefact production. In V. P. Chabai, J. Richter, & T. Uthmeier (Hrsg.), *Kabazi II: The 70000 years since the last interglacial. Palaeolithic sites of Crimea* (Bd. 2, S. 73–83). Simferopol: Shlyakh.

Kurbjuhn, M. (2005). Operational sequences of bifacial production in Kabazi II, units V and VI. In V. P. Chabai, J. Richter, & T. Uthmeier (Hrsg.), *Kabazi II: Last interglacial occupation, environment and subsistence. Palaeolithic sites of Crimea* (Bd. 1, S. 257–274). Simferopol: Shlyakh.

Lepot, M. (1993). *Approche techno-fonctionelle de l'outillage moustérien. Essai de classification des parties actives en terme d'éfficacité technique. Application à la couche M2e sagittale du grand abri de la Ferrassie (fouille Delporte).* Nanterre: Université Paris X-Nanterre (Mémoire de Maîtrise).

Leroi-Gourhan, A. (1943). *Evolution et technique I – L'Homme et la Matière.* Paris: Albin Michel.

Leroi-Gourhan, A. (1964). *Le geste et la parole I - Technique et language.* Paris: Albin Michel.

Löhr, H. (1979). *Der Magdalénien-Fundplatz Alsdorf, Kreis Aachen-Land. Ein Beitrag zur Kenntnis der funktionalen Variabilität jungpaläolithischer Stationen.* Dissertation, Tübingen.

Lombard, M., & Wadley, L. (2007). The morphological identification of micro-residues on stone tools using light microscopy: Progress and difficulties based on blind tests. *Journal of Archaeological Science, 34*, 155–165.

Loy, T. H. (1993). The artifact as site: An example of the biomolecular analysis of organic residues on prehistoric tools. *World Archaeology, 25*(1), 44–63.

Machado, J., Molina, F. J., Hernández, C. M., Tarriño, A., & Galván, B. (2016). Using lithic assemblage formation to approach middle palaeolithic settlement dynamics: El Salt stratigraphic unit X (Alicante, Spain). *Archaeological and Anthropological Sciences, 9*, 1715–1743.

Magne, M. P. R. (1985). *Lithics and livelihood: Stone tool technologies of central and southern interior British Columbia.* Mercury Series No. 133. Ottawa: National Museum of Man.

Mauss, M. (1947). *Manuel d'ethnographie*. Paris: Payot.

Moss, E. H. (1983). *The functional analysis of flint implements. Pincevent and Pont d'Ambon: Two case studies from the french final palaeolithic*. Oxford: BAR International Series Bd. 177.

Moss, E. H., & Newcomer, M. H. (1982). Reconstruction of tool use at Pincevent: Microwear and experiments. *Studia Praehistorica Belgica, 2,* 289–312.

Nance, J. D. (1971). Functional interpretation from microscopic analysis. *American Antiquity, 36,* 361–366.

Odell, G. H., & Odell-Vereecken, F. (1980). Verifying the reliability of lithic use-wear assessments by ‚Blind Tests': The low-power approach. *Journal of Field Archaeology, 7*(1), 87–120.

Odell, G. H. (2004). *Lithic analysis. Manuals in archaeological method, theory, and technique*. New York: Kluwer Academic.

Ollé, A., & Verges, J. M. (2014). The use of sequential experiments and SEM in documenting stone tool microwear. *Journal of Archaeological Science, 48,* 60–72.

Pastoors, A. (2000a). Standardization and Individuality in the production process of bifacial tools – Leaf-shaped scrapers from the Middle Paleolithic open air site Saré Kaya I (Crimea). A contribution to understanding the method of Working Stage Analysis. In J. Orschiedt & G. C. Weniger (Hrsg.), *Neanderthals and modern humans – Discussing the transition. Central and eastern Europe from 50.000 – 30.000 B.P.* 243–255. Bd. 2: Wissenschaftliche Schriften des Neanderthal Museums. Mettmann: Neanderthal Museum.

Pastoors, A. (2000b). Normierung und Individualität im Herstellungsprozess bifazialer Werkzeuge – Blattförmige Schaber von der mittelpaläolithischen Freilandstation Saré Kaya I (Krim): Ein Beitrag zum Verständnis der Arbeitsschrittanalyse: Grundlagen, Anwendung und Auswertung. *Archäologisches Korrespondenzblatt, 30*(2), 153–164.

Pastoors, A. (2001). *Die mittelpaläolithische Freilandstation von Salzgitter-Lebenstedt. Genese der Fundstelle und Systematik der Steinbearbeitung*. Bd. 3: Salzgitter Forschungen. Braunschweig: Ruth Printmedien.

Pastoors, A., & Schäfer, J. (1999). Analyse des états techniques de transformation, d'utilisation et états post dépositionnels. Illustrée par un outil bifacial de Salzgitter-Lebenstedt (FRG). *Préhistoire Européenne, 14,* 33–47.

Pastoors, A., Tafelmaier, Y., & Weniger, G.-C. (2015). Quantification of late pleistocene core configurations: Application of the working stage analysis as estimation method for technological behavioural efficiency. *Quartär, 62,* 63–84.

Pastoors, A., Tafelmaier, Y., & Weniger, G.-C. (2015). Quantification of late pleistocene core configurations: Application of the working stage analysis as estimation method for technological behavioural efficiency. *Quartär, 62,* 63–84.

Pawlik, A. (1995). *Die mikroskopische Analyse von Steingeräten. Experimente – Auswertungsmethoden – Artefaktanalysen*. Tübingen: Archaeologica Venatoria Bd. 10.

Pelcin, A. W. (1997). The formation of flakes: The role of platform thickness and exterior platform angle in the production of flake initiations and terminations. *Journal of Archaeological Science, 24*(12), 1107–1113.

Pelegrin, J. (1990). Prehistoric lithic technology: Some aspects of research. *Archaeological Review from Cambridge, 9,* 116–125.

Pelegrin, J. (1995). *Technologie lithique: Le Châtelperronien de Roc-de-Combe (Lot) et de la Côte (Dordogne)*. Cahiers du Quaternaire. Paris: Édition du CNRS.

Pelegrin, J. (2000). Les techniques de débitage laminaire au Tardiglaciaire: critères de diagnose et quelques réflexions. In B. Valentin, P. Bodu, & M. Christensen (Hrsg.), *L'Europe Centrale et Septentrionale au Tardiglaciaire. Confrontation des modèles régionaux de peuplement*. Bd. 7: Mémoires de Musée de Préhistoire d'Ile de France (S. 73–86). Nemours: APRAIF.

Perlès, C. (1989). *Les industries lithiques taillées de Franchthi (Argolide, Grèce), tome 1: Présentation générale et industries Paléolithique*. Bloomington: Indiana University Press.

Perrault, K., Stefanuto, P.-H., Dubois, L., Cnuts, D., Rots, V., & Focant, J.-F. (2016). A new approach for the characterization of organic residues from stone tools using GC × GC-TOFMS. *Separations, 3*(2), 1–13.

Pétillon, J.-M., Bignon, O., Bodu, P., Cattelain, P., Debout, G., Langlais, M., Laroulandie, V., Plisson, H., & Valentin, B. (2011). Hard core and cutting edge: Experimental manufacture and use of Magdalenian composite projectile tips. *Journal of Archaeological Science, 38*, 1266–1283.

Pigeot, N. (1991). Réflexions sur l'histoire technique de l'homme: de l'évolution cognitive à l'évolution culturelle. *Paléo, 3*, 167–200.

Plisson, H. (1985). *Étude fonctionelle d'outillages lithiques préhistoriques par l'analyse des micro-usures: recherche méthodologique et archéologique*. Paris: Université Paris 1-Panthéon Sorbonne (Unpublizierte Doktorarbeit).

Porraz, G. (2005). *En marge du milieu alpin – Dynamiques de formation des ensembles lithiques et modes d'occupation des territoires au Paléolithique moyen*. Aix en Provence: Aix-Marseille Université I (Unpublizierte Doktorarbeit).

Porraz, G., Igreja, M., Schmidt, P., & Parkington, J. E. (2016). A shape to the microlithic Robberg from Elands Bay Cave (South Africa). *Southern African Humanities, 29*, 203–247.

Rabardel, P. (1995). *Les hommes et les technologies; approche cognitive des instruments contemporains*. Paris: Armand Colin Éditeurs.

Rezek, Z., Lin, S. C., Iovita, R. P., & Dibble, H. L. (2011). The relative effects of core surface morphology on flake shape and other attributes. *Journal of Archaeological Science, 38*, 1346–1359.

Richter, J. (1997). *Sesselfelsgrotte III: Der G-Schichten-Komplex der Sesselfelsgrotte – Zum Verständnis des Micoquien*. Bd. 7: Quartär-Bibliothek. Saarbrücken: Saarbrücker Druckerei.

Richter, J. (2001). Une analyse standardisée des chaînes opératoires sur les pièces foliacées du Paléolithique moyen tardif. In L. Bourguignon, I. Ortega, & M.-C. Frère-Sautot (Hrsg.), *Préhistoire et approche expérimentale. Préhistoires 5* (S. 77–87). Montagnac: Éditions Mergoil.

Richter, J. (2018). *Altsteinzeit. Der Weg der frühen Menschen von Afrika bis in die Mitte Europas*. Stuttgart: Verlag W. Kohlhammer.

Roebroeks, W. (1988). *From find scatters to early hominid behavior. A study of Middle Palaeolithic riverside settlements at Maastricht-Belvédère (The Netherlands)*. Leiden: Analecta Praehistorica Leidensia 21.

Romagnoli, F., & Vaquero, M. (2016). Quantitative stone tools intra-site point and orientation patterns of a Middle Palaeolithic living floor: A GIS multi-scalar spatial and temporal approach. *Quartär, 63,* 47–60.

Romagnoli, F., Bargalló, A., Chacón, M. G., Gómez de Soler, B., & Vaquero, M. (2016). Testing a hypothesis about the importance of the quality of raw material on techno-logical changes at Abric Romaní (Capellades, Spain): Some considerations using a high-resolution techno-economic perspective. *Journal of Lithic Studies, 3*(2), 1–25.

Rots, V. (2010). *Prehension and Hafting traces on flint tools. A methodology.* Leuven: Leuven University Press.

Rots, V., & Plisson, H. (2014). Projectiles and the abuse of the use-wear method in a search for impact. *Journal of Archaeological Science, 48,* 154–165.

Rots, V., Hardy, B. L., Serangeli, J., & Conard, N. J. (2015). Residue and microwear analyses of the stone artifacts from Schöningen. *Journal of Archaeological Science, 89,* 298–308.

Schlanger, N. (1991). Le fait technique total. La raison pratique et les raisons de la pratique dans l'oeuvre de Marcel Mauss. *Association Terrain, 16,* 114–130.

Semenov, S. A. (1964). *Prehistoric Technology – an Experimental Study of the oldest Tools and Artefacts from traces of Manufacture and Wear.* Bath: Adams & Dart.

Shea, J. J. (2013). *Stone tools in the Paleolithic and Neolithic Near East: A guide.* Cambridge: Cambridge University Press.

Shott, M. J. (1994). Size and form in the analysis of flake debris: Review and recent approaches. *Journal of Archaeological Method and Theory, 1,* 69–110.

Soressi, M. (2002). *Le Moustérien de tradition acheuléenne du sud-ouest de la France.* Bordeaux: Université de Bordeaux I (Unpublizierte Doktorarbeit).

Soressi, M., & Geneste, J.-M. (2011). Special issue: Reduction sequence, chaîne opératoire, and other methods: The epistemologies of different approaches to lithic analysis. The history and efficacy of the chaîne opératoire approach to lithic ana-lysis: Studying techniques to reveal past societies in an evolutionary perspective. *PaleoAnthropology,* 2011, 334–350.

Soriano, S. (2001). Statut fonctionnel de l'outillage bifacial dans les industries du Paléolithique moyen: proposition méthodologique. In D. Cliquet (Hrsg.), *Les industries à outils bifaciaux du Paléolithique moyen d'Europe occidentale. Actes de la Table Ronde internationale de Caen* (S. 77–83). Liège: ERAUL 98.

Speth, J. (1972). The mechanical basis of percussion flaking. *American Antiquity, 37,* 34–60.

Spurrell, F. (1884). On some palaeolithic knapping tools and modes of using them. *Journal of the Royal Anthropological Institute of Great Britain and Ireland, 13,* 109–118.

Sullivan, A. P., & Rozen, K. C. (1985). Debitage analysis and archaeological interpretation. *American Antiquity, 50,* 755–779.

Symens, N. 1988. Mikroskopische Analyse der Oberfläche von Steinartefakten. In J. Hahn (Hrsg.), *Die Geißenklösterle-Höhle im Achtal bei Blaubeuren 1,* Forschungen und Berichte zur Vor- und Frühgeschichte in Baden-Württemberg 26 (S. 59–201). Stuttgart: Theiss Verlag.

Tafelmaier, Y. (2010). *Das steinzeitliche Fundmaterial der Volkringhauser Höhle im Hönnetal/Westfalen.* Universität zu Köln (Unpublizierte Magisterarbeit).

Tafelmaier, Y. (2011). Revisiting the Middle Palaeolithic site Volkringhauser Höhle (North Rhine-Westphalia, Germany). *Quartär, 58,* 153–182.

Thieme, H. (1983). *Der paläolithische Fundplatz Rheindahlen.* Inaugural-Dissertation, Köln.

Tixier, J. (1967). Procédés d'analyse et questions de terminologie dans l'étude des ensembles industriels du Paléolithique récent et de l'Epipaléolithique en Afrique du Nord-Ouest. In W. W. Bishop & J. D. Clark (Hrsg.), *Background to evolution in Africa* (S. 771–820). Chicago: University of Chicago Press.

Tixier, J. (1980). *Préhistoire et technologie lithique.* Meudon: Édition du CNRS.

Tixier, J. (2012). *A method for the study of stone tools = méthode pour l'étude des outillages lithiques: guidelines based on the work of J. Tixier = notice sur les travaux scientifiques de J. Tixier.* Musée national d'histoire et d'art/Centre national de recherche archéologique du Luxembourg.

Tixier, J., Inizan, M.-L., & Roche, H. (1980). *Préhistoire de la Pierre Taillée 1: Terminologie et Technologie.* Valbonne: Cercle de Recherches et d'Etudes Préhistoriques.

Tostevin, G. B. (2003). Attribute analysis of the lithic technologies of Stránská Skála II–III in their regional and inter-regional context. In J. Svoboda & O. Bar-Yosef (Hrsg.), *Stránská skála: Origins of the upper palaeolithic in the brno basin* (S. 77–118). Cambridge: Peabody Museum Publications.

Tostevin, G. B. (2012). *Seeing lithics: A middle-range theory for testing cultural transmission in the Pleistocene.* Oxford: Oxbow Books.

Unrath, G., Owen, L. R., van Gijn, A., Moss, E. H., Plisson, H., & Vaughan, P. (1986). An evaluation of use-wear studies: A multi-analyst approach. In L. Owen & G. Unrath (Hrsg.), *Technical aspects of microwear studies on stone tools, early man news 9/10/11* (S. 117–176). Tübingen: Archaeologica Venatoria.

Uthmeier, T. (2004a). Transformation analysis and the reconstruction of on-site and off-site activities: Methodological remarks. In V. P. Chabai, K. Monigal, & A. E. Marks (Hrsg.), *The Middle Paleolithic and early Upper Paleolithic of eastern Crimea. The Paleolithic of Crimea III* (Bd. 104, S. 175–191). Liège: ERAUL.

Uthmeier, T. (2004b). Planning depth and saiga hunting: On-site and off-site activities of late Neanderthals. In V. P. Chabai, K. Monigal, & A. E. Marks (Hrsg.), *The Middle Paleolithic and early Upper Paleolithic of eastern Crimea. The Paleolithic of Crimea III* (Bd. 104, S. 193–231). Liège: ERAUL.

Uthmeier, T. (2004c). *Micoquien, Aurignacien und Gravettien in Bayern. Eine regionale Studie zum Übergang vom Mittel- zum Jungpaläolithikum.* Bd. 18: Archäologische Berichte. Bonn: Rudolf Habelt.

Vaughan, P. (1985). *Use-wear analysis of flaked stone tools.* Tucson: University of Arizona Press.

Weißmüller, W. (1995). *Die Silexartefakte der Unteren Schichten der Sesselfelsgrotte. Ein Beitrag zum Problem des Moustérien.* Bd. 6: Quartär-Bibliothek. Saarbrücken: Saarbrücker Druckerei.

Whittaker, J. C. (1994). *Flintknapping: Making and understanding stone tools.* Austin: University of Texas Press.

Wilmsen, E. N. (1968). Functional analysis of flaked stone artifacts. *American Antiquity, 33*(2), 156–161.

Yates, A. B., Smith, A. M., Bertuch, F., Gehlen, B., Gramsch, B., Heinen, M., Joannes-Boyau, R., Scheffers, A., Parr, J., & Pawlik, A. (2015). Radiocarbon-dating adhesive and wooden residues from stone tools by Accelerator Mass Spectrometry (AMS): Challenges and insights encountered in a case study. *Journal of Archaeological Science, 61*, 45–58.

Zimmermann, A. (1988). Steinmaterial. In U. Boelicke, D. von Brandt, J. Lüning, P. Stehli, & A. Zimmermann (Hrsg.), *Der Bandkeramische Siedlungsplatz Langweiler 8, Gem. Aldenhoven, Kr. Düren* (Bd. 28, S. 569–787). Beiträge zur neolithischen Besiedlung der Aldenhovener Platte III. Köln: Rheinische Ausgrabungen.

Printed in the United States
By Bookmasters